Die evangelische Kirche und ihr Bekenntniß.

Ein theologisches Bedenken,

von

Karl Wilhelm Vetter,
evangelischem Pfarrer zu Jenkau.

Ὁ δὲ κύριος τὸ πνεῦμά ἐστιν·
οὗ δὲ τὸ πνεῦμα κυρίου, ἐκεῖ
ἐλευθερία.

Berlin,
bei G. Reimer.
1843.

Sr. Hochwürden

dem Herrn

Gustav Siegmund Köhler,

Superintendenten und Pastor zu Parchwitz,

dem glaubensreichen, kirchlich und wissenschaftlich gesinnten Manne, der eine Zierde der evangelischen Kirche in Schlesien ist, als eine geringe Gabe des tiefgefühlten Dankes und zur

öffentlichen Bezeugung

der

innigsten Verehrung und Liebe

gewidmet

vom

Verfasser.

Hochwürdiger Herr,

Wenn es bisher nur das Band amtlicher Thätigkeit war, was uns zu gleichgesinnten Freunden im Reiche unsers Herrn verband, so habe ich doch auch ein großes Verlangen stets darnach getragen, Ihrem reichen Geist auch in wissenschaftlicher Besprechung näher zu treten. Denselben Wunsch haben auch Sie mir bereits auf eine Weise ausgesprochen, die mich Ihnen gegenüber beschämen, aber auch nothwendig zum Gebrauche aller meiner von Gott mir verliehenen Kräfte ermuntern muß. Ihre Wirksamkeit als Ephorus in unserm Synodalkreise ist von einer so glaubensreichen Anregung, gründet sich auf so ächt kirchliche Intelligenz, wird von einer so heiligen und ernsten Liebe getragen, daß sie ein reges kirchliches Streben in uns, Ihren Synodalen, erhalten und kräftigen muß; und wenn ich insbesondere all des mich erinnere, was ich aus dieser Wirksamkeit gelernt habe, so ist es mir immer schmerzlich gewesen, noch nicht die rechte Gelegenheit erhalten zu haben, dafür Ihnen einen Dank abzustatten, wie ich es wünsche.

Mit der vorliegenden Schrift, die ich Ihnen zugeeignet, wollte ich Ihnen meinen schuldigen Dank in Etwas bezeugen. Mit dem Inhalt dieser Schrift werden Sie im Ganzen einverstanden sein. Auch Sie werden es nicht billigen, wenn eine theologische Zeitschrift für die Kirche Schlesiens, der Prophet genannt, mit einer Ansicht hervortritt, der wir aus allen Kräften uns entgegenstellen müssen. Diese Zeitschrift, die bei unsrer schon überhäuften Literatur in manchen Parthien das vollkommne Gepräge der modernen Journalistik an sich trägt, würde durch ihre wissenschaftliche Haltung kein Interesse zu erregen im Stande sein; aber nun hat sie es erregt durch eine in ihr sich kundgebende Tendenz, welche der orthodoxen Kirche nicht gerade offenbare Gefahr droht, aber sie auch auffordert wachsam zu sein. Solche Tendenz, die geschichtliche Basis der evangelischen Kirche durch Annullirung ihrer Bekenntnisse aufzuheben, muß ernstlich und mit allen Waffen des Geistes bekämpft werden. Es ist von mir zuerst geschehen, nicht weil ich eben große Lust zum Kampf in mir trage, — sondern weil ein Inneres, das in mir tief gewurzelte Interesse an der Kirche, mich dazu trieb, mich dazu zwang. Was Sie vielleicht tadeln, wird die Form sein, die zuweilen eine etwas rauhe Seite herauskehrt, aber Sie werden solche gewiß bald damit entschuldigen, wenn Sie bedenken, gegen welchen Feind ich zu kämpfen, und wenn Sie sehen werden, daß ich nicht gegen Personen, sondern gegen eine Zeitrichtung, die nur persönlich angeredet werden kann, gekämpft habe.

Bleiben Sie mir in derselben christlichen Bruderliebe gewogen und zugethan, in der ich bin

Ew. Hochwürden

ergebenster

Freund und Bruder

K. W. Vetter.

Daß die evangelische Kirche neben der heiligen Schrift ein Bekenntniß ihres Glaubens haben muß, darüber sollte man meinen, könne kein Zweifel mehr Statt finden. Durch das Bekenntniß ist die evangelische Kirche als solche geworden, ein Bekenntniß hat sie zu einer eigenthümlichen Gestaltung der christlichen Idee andern Glaubensweisen gegenüber sich organisirt, und das allgemeine Bewußtsein von ihrem Glauben, dessen Ausdruck ihr Bekenntniß heißt, ist das Herz, von welchem alle Pulse ihres Lebens in Bewegung gesetzt werden. Wie wäre es auch nur denkbar, daß die evangelische Kirche auf eine Gemeinschaft im Glauben, auf eine organisch gegliederte Einheit ihres Lebens Anspruch machen dürfte, ohne ein historisch begründetes gemeinsames Band der Lehre, des Kultus und der Verfassung zu haben, wodurch sie sowohl ihr Recht da zu sein nachzuweisen, als auch die eigenthümlichen Gestaltungen ihres Lebensprincips sich jederzeit zu vindiciren im Stande ist. Das Werden aller Kirchengemeinschaften ist ja der Kampf um den gemeinsamen Ausdruck ihres Glaubens, um ihr

Bekenntniß, und ein auch nur oberflächlicher Blick in ihre Geschichte zeigt jedem Unbefangenen, wie es überall erst dann zur bestimmten Erscheinung der Kirche gekommen ist, wenn der Glaube bis zum allgemeinen Bewußtsein darüber sich hindurchgekämpft und gegen andere Glaubensgemeinschaften sich in allgemein anerkannten Grundsätzen ausgesprochen hatte. Wenn die christliche Religion allen andern Religionen gegenüber das absolute Princip ihrer Einheit darin hat, daß sie als die höchste Offenbarungsstufe der göttlichen Gnade durch das Faktum, daß Gott Mensch wurde, erscheint, so ist in diese Einheit ihres Princips zugleich mit eingeschlossen eine organische Vielheit, als in welcher das einmal erschienene göttliche Lebensprincip, die Menschwerdung des Sohnes Gottes, in allen Völkern und Geschlechtern sich fortzusetzen hat; und überall setzt der Mensch gewordene Gottessohn sein Werk der Erlösung auf Erden fort, wo ein Theil der Menschheit, wenn mit noch so eigenthümlicher Gestalt, seine Wiedergeburt in ihm zu feiern anfängt; überall zeigt sich jenes höchste Princip der Einheit auch da, wo in der Vielgestaltigkeit des Erscheinungslebens der Sohn Gottes in der Fülle der Gottheit die menschliche Natur zurückführt in den durch die Sünde verlornen Abglanz des göttlichen Wesens. Diese Einheit des christlichen Princips ist die lebensfrische Bewegung in und durch das Menschliche, und schließt die Mannigfaltigkeit und den Reichthum organischer Bildungsstufen nicht aus. Hier auf diesem Boden der eigenthümlich menschlichen Erscheinungsformen will es als Erniedrigung zu dem Menschlichen seinen göttlichen

Reichthum entfalten, und die verschiedenartigsten Bildungen der Kirche des Herrn sind in einer richtig gefaßten Kirchengeschichte nur als besondere Gestaltungen jener christlichen Einheit auf dem jedesmaligen Standpunkt ihrer anderweitig geschichtlichen Kulturgrundlage zu betrachten. Die verschiedenen Kirchengemeinschaften haben demnach, als die individuellen Erscheinungsformen der einen christlichen Idee, ein Recht da zu sein, und nur alsdann, wenn sie ihre Aufgabe gerade in dieser Zeit und in dieser Form eigenthümlicher Entwickelung der christlichen Idee erfüllt haben, mögen sie an höhere Gestaltungen des christlichen Glaubens sich anschließen, oder sie mögen auch, wenn alle Gegensätze ihrer Entwickelungsformen verschwunden sind, in einander übergehen, und zu einer gemeinsamen Darstellung des christlichen Lebens in Lehre, Kultus und Verfassung sich vereinigen.

Daß nun die evangelische Kirche den Rang einer eigenthümlichen Darstellung der christlichen Idee behauptet; daß sie im Gange christlich weltgeschichtlicher Gestaltung ihrem innersten Wesen nach bestimmt ist, das germanische Volksleben mit allen Elementen seiner Natürlichkeit in die Tiefe des Erlösungswerkes hinüber zu führen, wer vermag dies zu läugnen? Das katholische Princip hatte andere eigenthümliche Elemente der menschlichen Natur zu durchdringen, und die christliche Idee unter Völkern zu realisiren, wozu es einer Vermittelungsform bedurfte, die sich in dieser Kirche eine lange Zeit in den so beschaffenen Formen herausstellen durfte. Für das germanische Volksleben und dessen Christianisirung mußten die Formen dieser Vermittelung zerbrechen, und das Christenthum konnte auf diesem völkerthümlichen Boden auf die innerste und tiefste Weise sich der Natur zuwenden, und die beseligenden Kräfte seines Reiches in das Herz dieser Völker übergehen lassen.

Diese neue Gestaltung der christlichen Idee hat bereits eine große Vergangenheit hinter sich, und es sind aus dem evangelischen Gestaltungsprincip der christlichen Religion alle die großartigen Erscheinungen hervorgegangen, welche den Charakter der neuern Zeit wesentlich bezeichnen. Das evangelische Princip hat, an die innere Tiefe deutscher nationeller Gemuthlichkeit anknüpfend, die freiste Entwickelung aller menschlichen Kräfte begünstigt, aber dieselben auch immer zugleich in das Centrum seines Lebens hineingezogen und sie zu Bestandtheilen des Reiches Gottes umgebildet. In dieser Wirksamkeit erblicken wir die evangelische Kirche noch jetzt, obwohl ihr gegenwärtig die Aufgabe geworden, gegen Elemente einer Freiheit zu kämpfen, die sich nicht mehr in sein göttlich belebendes Princip fügen wollen, vielmehr auf die Spitze der Freiheit getrieben, welches die Zügellosigkeit und Willkühr ist, sich dem christlichen Princip entgegensetzen. Indem die evangelische Kirche das Bereich menschlicher Bildsamkeit, freier Gedanken und Entwickelungen nicht durch die Fesseln einer finstern Gewalt zerstören kann und will, so hat sich solche Freiheit nicht selten gegen die Kirche selbst gewendet. Eine solche Freiheit, die das historische Lebensprincip der evangelischen Kirche und die auf es gegründeten festen Grundlagen verläugnet, kann nicht mehr als evangelische Freiheit angesehen werden, weil sie kein Princip der Entwickelung, sondern nur das Gift der Auflösung urd Zerstörung in sich trägt. Die neuste Zeit in ihrer excentrischen Richtung ist ein Beweis davon, daß auch Elemente der kirchlichen Entwickelungsformen zum Vorschein kommen können, welche sich in spröder Entgegensezung vom Geist und von der wahren Freiheit der evangelischen Kirche nicht mehr durchdringen lassen, zum religiösen Leben in dieser Gemeinschaft sich nicht mehr verklären wollen.

Darum aber wollen wir nicht lassen von der Hoffnung, daß der gnadenreiche Gott diese Kirche auch in diesem schweren und heißen Kampfe, welchem sie nach seiner allweisen Absicht ausgesetzt sein muß, werde den Sieg davon tragen und das Ziel erreichen lassen, nach welchem sie bestimmt ist, alle falschen Gebilde des Lebens zu bekämpfen mit dem Schwerte des Geistes, und die Elemente der Natürlichkeit hinüberzuführen in das ihr inwohnende Gottesreich, um sie hier zu verklären und umzubilden in das höhere Leben der Geistigkeit. Wir wollen auch nicht fürchten, daß ihre Basis, nämlich ihre geschichtliche Existenz, werde zum Schwanken gebracht werden, wenn nach Gottes Willen über sie auch das Härteste zugelassen würde.

Das Harteste, was in jüngster Zeit ihr zugemuthet wird, sind noch nicht jene wilden Auswüchse des rohsten Pantheismus, welcher den heiligen Inhalt der Schrift zu bloßen Nebelgebilden eines durchweg irreligiösen und antichristlichen Denkens verflüchtigt; denn gegen allen Pantheismus hat die evangelische Kirche schon einen gewissen Sieg im Bewußtsein ihres Glaubens, und weiß sogleich den Kreis zu ziehen, aus dessen Peripherie heraustreten müssen, die dieses Bewußtsein verläugnen; und hinsichtlich des modern krassen Pantheismus kann die evangelische Kirche es ruhig erwarten, wie solche Formen eines Denkens, was der Religion entgegengesetzt ist, sich selbst aufgeben und zerstören werden. Das Harteste, was ihr in jüngster Zeit zugemuthet wird, ist dieses, daß sich in ihr selbst und im Bereich ihres Lebens Stimmen solcher laut und öffentlich vernehmen lassen, welche ihr ihre geschichtliche Existenz als eigenthumliche Kirchengemeinschaft dadurch zu rauben drohen, daß sie ihre Bekenntnißschriften, in welchen ihr gemeinsames Glaubensbewußtsein in vollgeltender Wahrheit der katholischen Kirche gegenüber sich ausdrückt, und an welche ihr gegenwärtiges Dasein in seinem ganzen Umfange noch gebunden ist, nicht mehr anerkennen wollen. Wenn diese Tendenz das innere Leben der evangelischen Kirche beruhrte, und wenn die Diener der Kirche anfingen vom Bekenntniß vor ihren Gemeinden sich loszusagen, dann käme die evangelische Kirche in eine Gefahr, die ihr theilweise den Tod bringen könnte. Es würde ein solches Wagstück, der evangelischen Kirche das Bekenntniß zu rauben, weit zerstörender wirken, als jenes jüngst da gewesene, den heiligen Inhalt der Schrift für Mythe oder Lüge zu erklären; denn dafür, daß der Inhalt der Schrift der Offenbarungsinhalt der göttlichen Gnade in Christo ist, hat die Gemeinde die nöthige Sicherheit in ihrem religiösen Lebensgefühl, dessen allgemein bewußter Grund das Bekenntniß bildet.

Was einer solchen gefährlichen Tendenz in gegenwärtiger Zeit zum Grunde liegen könne, ist längst der Gegenstand unsers Nachdenkens gewesen. Daran kann wohl kaum gedacht werden, daß die, die kein Bekenntniß der Kirche mehr wünschen, die evangelische Kirche werden betrachten wollen als eine Gemeinschaft, die ihre eigenthümliche Existenz aufzugeben hat, weil sie sich im Bekenntniß überlebt. Zu keiner Zeit haben ja wohl die Eigenthumlichkeiten dieser Kirche in Lehre, Kultus und Verfassung, als auf den geschichtlichen Grund ihrer Bekenntnisse gestützt, mehr ans Licht gezogen werden müssen, als in unsrer Zeit, wo in der katholischen Kirche selbst der evangelische Lehrbegriff der Gegenstand der Prüfung und des Nachdenkens geworden ist. Ja auch in der Stellung, welche die evangelische Kirche in früherer Zeit gegen die katholische Kirche behauptet, sind Ereignisse eingetreten, welche nicht im entferntesten dem Gedanken Raum geben konnten, daß nun die Zeit erschienen sei, in der sie ihre eigenthümliche Richtung mehr oder weniger verlassen könne. Wäre die modern pantheistische Vorstellungsweise, nach welcher eine Konfession ein Unsinn, und der Kultus, wenn er nicht dem Genius opfert, eine Thorheit ist, schon weiter in die Kreise des theologischen Wissens herabgedrungen, so wäre der Grund vorhanden zu glauben, daß die evangelische Kirche allgemach durch Auflösung zunächst ihrer Bekenntnisse, in jenes Reich der absoluten Erkenntniß solle hinubergeführt werden. Wenn nun allerdings der entferntere Grund von dieser auflösenden Tendenz in einer Theologie zu suchen ist, die nichts als eitle und geschraubte Reflexionen über den heiligen Inhalt des Christenthums zu Tage fördert, in einer Theologie, die aus Eitelkeit auch gern mit Epoche machen möchte auf dem jetzt eröffneten Schauplatze der absoluten Freiheit, in einer Theologie, die keinen lebendigen Centralpunkt des Glaubens, kein Herz hat, was Jesu, dem gekreuzigten Heilande, angehört, und von welchem Glauben unsere Bekenntnisse durchweg zeugen, so werden wir als äußern Anstoß für die Geltendmachung dieser inhaltsleeren und nüchternen Freiheit, unbedingt das Faktum der in preußischen Landen eingeführten Union ansehen können. Die Bekenntnisse beider evangelischen Konfessionen sind noch in manchen Punkten divergirend; was können also die wahren Freunde der Union wohl thun, um dies Hinderniß aus dem Wege zu räumen? Die Differenz zu beheben, oder die Möglichkeit nachzuweisen, daß dieses Eigenthümliche der Bekenntnisse die höhere Einheit eines gemeinsamen Verbandes nicht ausschließe, das ist ein zu schweres Geschäft. Leichter wird es dem raisonnirenden, in jener glaubenslosen Theologie eingefleischten Verstande, das Bekenntniß überhaupt zu negiren. Aus dieser Negation springt dann die wahre Union hervor; und eine ungeheure Kraft und Ehrlichkeit kann sich in der Läugnung der Bekenntnisse auf dem jetzigen Standpunkte des kirchlichen Lebens geltend machen. Je mehr nun diese Freunde der Union einer Freiheit huldigen, die in den Bekenntnißschriften noch die letzte Fessel der theologischen Wissenschaft sieht, und je weniger sie an die Anschauung der tiefern kirchlichen Dogmatik und an eine organische und wahrhaft wissenschaftliche Auffassung des Geschichtlichen gewöhnt sind, desto natürlicher ist es, daß sie sich in dieser ihrer Freiheit beengt fühlen, durch die anjetzt noch übernommene Verpflichtung auf die symbolischen Bücher. Demnach wären es folgende drei Punkte, welche wir in ihrer Unwahrheit darzustellen hätten, um der evangelischen Kirche ihr Bekenntniß im vollsten Recht zu vindiciren.

I. Es ist eine heilige Schrift vorhanden, wozu bedarf die Kirche der Symbole!

II. Die Symbole sind ein Hinderniß für die freie Entwickelung der theologischen Wissenschaft; die Verpflichtung auf sie beängstigt die Gewissen.

III. Die Union ist faktisch erst vollzogen, wenn in beiden evangelischen Konfessionen die Bekenntnißschriften als antiquirt und annullirt betrachtet werden.

O ma chère paroisse! puisses-tu oublier mon nom, et ne retenir que celui de Jésus-Christ, que je t'ai annoncé. C'est lui, qui est ton pasteur; pour moi, je ne suis que son serviteur.

Oberlin.

I.

Es ist eine heilige Schrift vorhanden, wozu bedarf die Kirche der Symbole!

Wie wenig wahrhaft kirchlichen Sinn, wie wenig wahrhaft wissenschaftliche Erkenntniß verräth der, welcher den eben aufgestellten Satz mit Ernst behaupten wollte. Der wissenschaftliche Sinn, um mit letzterem anzuheben, zeigt sich in der Theologie am meisten in einer richtigen von Vorurtheilen und oberflächlichen Raisonnements freien historischen Anschauung. Die Theologie ist ihrem Wesen nach positive Wissenschaft; sie hat zu ihrem reichen Inhalt die durch Jesum Christum geoffenbarte Religion, wie im Moment ihres Ursprungs, so im Verlauf ihrer gesammten geschichtlichen Erscheinungen. Die christliche Religion nach ihrer Erscheinung, und nur als solche ist sie die Gnadenthat unsers erbarmungsreichen Gottes, ist wesentlich diese geschichtliche

Bewegung, durch welche sie als wahrhaft substanzieller Inhalt, ihr beseligendes Lebensprincip in immer reicheren Formen in der Menschheit zur Erscheinung bringt. Sie ist die unendliche, unerschöpfliche, beseligende Gnade Gottes, die in Christo erschienen ist, und noch erscheint, und immer erscheinen wird. Das absolute Princip ihrer geschichtlichen Bewegung ist der heilige Geist Gottes selbst, der in ihr über die Menschheit ausgegossen worden ist, und an dessen Allgegenwart und heiligem Walten der Christenheit alles gelegen ist. Ohne das unausgesetzte Werk des heiligen Geistes, welches seine ewige Erleuchtung und Beseligung der Menschheit ist, hörte der Glaube an Jesum Christum auf, und mit ihm die wahre Religion; ohne diese fortwährende tiefe Erniedrigung des heiligen Geistes in und zur Menschheit, hörte auf die Weltgeschichte eine Bewegung zu sein zu dem Urgrunde der göttlichen Gnade, ein lebendiges Vorwärtsdringen in das heilige und selige Anschauen Gottes. Darum ist die Sünde wider den heiligen Geist, die Läugnung des göttlichen Princips, das Negiren aller göttlichen Existenz, eine Sünde, die nicht vergeben werden kann vom Vater der Liebe, der ebenso ein heiliger und gerechter Gott ist. In der That ist dieser heilige Gottesgeist in der ganzen Menschengeschichte zu jeder Zeit gegenwärtig gewesen, und hat eine Gottesstadt, eine heilige Gemeinde, sei es auch noch im ängstlichen Ringen und Harren der Kreatur, auf Erden gehabt; aber es lassen sich in der Geschichte dieser Gottesstadt ganz besondere Momente und Stufen wahrnehmen, auf welchen er seine Gnadenfülle auch auf ganz besondere Weise über die Menschheit ausschüttete. Ein solcher Moment, eine solche Stufe, eine solche geschichtliche Epoche, war die Gründung der evangelischen Kirche. Hier goß er seinen heiligen Lichtglanz der göttlichen Wahrheit in das Herz der Völker, welches durch eine lange Zucht in weltlich und kirchlichen Banden herangereift war zu der Empfänglichkeit einer höheren religiösen Beschauungsweise. Das göttliche Princip, wie es allerdings schon in der Schrift vorhanden war, aber als ein todtes starres Element, nimmt jetzt durch eine höhere geistige Belebung die Wendung, daß es nicht mehr in dieser Erstarrung bleibt, nicht mehr als ein dunkles Element gefühlt oder blind angestaunt, oder in einem blos werkheiligen Willen thätig wird, sondern der Glaube an Jesum Christum den gekreuzigten Heiland, hebt sich aus jener dunkeln Gefühlsweise zum wahrhaft religiösen Lebensgefühl dadurch hervor, daß er zugleich übergeht mit Freiheit in das Gebiet des religiösen Gedankens, um darin ein Allgemeingut der Menschheit zu werden. Der Glaube wird in dieser denkwürdigen Epoche eine freie im Geiste Gottes selbstthätig errungene Wahrheit des Herzens. Das Volk wird zum ersten Mal in der Welt mündig in der Erkenntniß seines Glaubens, und der Priester und Laie stehen auf derselben gottverwandten Stufe christlicher Erkenntniß. Es regen sich die selig machenden Kräfte des Evangelii in den Herzen der Völker, es entsteht die evangelische Lehre; keine Priesterlehre, kein Partikularismus, sondern eine Lehre tiefgewurzelt und festgegründet im erwachten Glaubensbewußtsein der evangelischen Völker. Und die Lehre erhält das Siegel der Bestätigung, und des heiligen unantastbaren Rechtes, in und durch die Bekenntnißschriften, welche von den Reformatoren verfaßt worden, nicht so fern sie sich stellten über die jugendliche Gemeinde, sondern in sofern sie eins waren mit ihr in demselben einem Geiste, nämlich dem heiligen Gottesgeiste. Das Bekenntniß des Herzens war seinem substanziellen Inhalt nach schon vorhanden in der jugendlichen Gemeinde, bevor es abgefaßt wurde in Worten. Nun als Wort wird es Symbol, (Kennzeichen) was sie fortan als Gemeinde Gottes, in einem von Gottes heiligem Geist selbst gewirkten Glaubensbewußtsein, ewig verbinden, gegen alle Gewaltthat und Irrthum schützen sollte. Und was nun als errungene Glaubenslehre auf den Grund der Schrift und in Kraft und Erweisung des heiligen Geistes, in das bewußtvolle Glaubensleben der evangelischen Gemeinden eingedrungen, und in allen Gestaltungen des evangelischen Lebens als die Basis und der Grund seiner wahren Existenz sich erwiesen hat, das erscheint der Weisheit unsrer Tage als ein Phantom, als ein Gespenst erstorbener Vergangenheit, als ein rostig gewordener Inhalt, der bis in die Tiefen hinab das köstliche Metall zernagt und längst aufgezehrt hat. Lebt sich so objektiv die theologische Wissenschaft in die religiöse Erscheinungswelt hinein, daß sie grade das, was Grund und Wesen aller ihrer Darstellungen bedingen sollte, von sich zu einem Male abstreift? Ist das eine wahre Geschichtsbetrachtung, die das köstlichste Glied in der Kette evangelischer Geschichte herausreißt und es wegwirft, als ob diesem Gliede die Macht fehlte, das Ganze noch zu binden und zusammenzuhalten? Was sind das für Geschichtshelden, die noch nicht wissen, daß alle wahrhaft organischen Gebilde, auch bei den unendlichen Modificationen und Formen des Lebens, sich dennoch erhalten, und die Geschichte grade in der organischen Verknüpfung derselben, den unendlichen Reichthum der Gegenwart und ihrer wunderbar wirkenden Kräfte zur Beschauung bringt? Ihr geht in die Schule der schlechtesten Romanscribenten, wenn ihr von denen Geschichte und Theologie lernen wollt, die wie die Anatomen den Körper seciren, und die todten Gebilde wegwerfen, wenn sie ihren Zweck daran erreicht haben, so die Momente der Geschichte aus ihrem Zusammenhange herausreißen, vor sich hinlegen, ihren kleinen Verstand daran üben, und sich dann gewaltig aufspreizen, wenn sie ihre Weisheit ins entzückte Publikum bringen. Die Theologie, welche die fortwirkenden Kräfte der Symbole in der evangelischen Kirchengemeinschaft nicht erkennt, vielmehr in eitler Reflexion diese epochereichen Gestaltungen des Glaubens überspringt, und dafür die Truggestalten ihrer leeren Einbildung ausgeben will, ist keine protestantische Theologie. Jeder nur einiger Maaßen mit Erkenntniß ausgestattete Kopf verachtet solche theologische Geschichts-Kritik.

Was ist das für ein wissenschaftlicher Sinn, der nicht im Stande ist, die Schrift und das Bekenntniß in ihrer nothwendigen Verbindung und innern Lebenseinheit für die Kirchengemeinschaft zu begreifen? Hat das theologische Denken es noch nicht so weit gebracht, die merkwürdige Erscheinung näher ins Auge zu fassen, daß, wo der göttliche Inhalt der Schrift zur Gemeinschaft im religiösen Leben, d. i. zur Kirche sich gestaltet, auch letztere ihm zur Rechtfertigung gegen anders Denkende und Auslegende, das Bekenntniß hervorrief? Wie alt ist das apostolische Symbolum, und warum hat so früh die Kirche ein Symbolum nöthig gehabt? Diese Frage könnte man zur Preisaufgabe, nicht der akademischen Jugend, sondern mancher schon docirenden Theologen machen. Die Kirche hat die Schrift erst wahrhaft dann, wenn sie über ihren Hauptinhalt sich im Bekenntniß verständiget hat. Die heilige Schrift hat zum Zweck Inhalt der göttlichen Offenbarungen zu sein, aber sie kann und will nicht zum Zweck haben, Glaubensbekenntniß der bestimmten Kirchengemeinschaft zu sein. Zum Glaubensbekenntniß kommt das subjektive Moment der allgemeinen Auffassungs- und Aneignungsweise dessen, was die Schrift zum Inhalt hat. Den Moment, wie das Bekenntniß wird, will ich euch darstellen. Es sind drei Elemente, die sich darin gegenseitig begegnen, und zu dieser heiligen Substanz des bewußten Glaubens zusammenschließen. Das menschliche Element in der ganzen Fülle seines Lebens, das es bewegende Element des Geistes Gottes, der, das müßt ihr freilich glauben, nicht aufhört seine Ausgießung in den Herzen der Menschen zu feiern, und das objektive Element der Schrift, das nur das göttliche an sich bliebe, wenn in ihm eben der heilige Gottesgeist in jenem Moment das menschliche Herz nicht erschlösse, daß es sich nun in dasselbe mit seinen alles gestaltenden und durchdringenden Kräften hineinlegen, und eine wahre religiöse Lebenseinheit des wahrhaft Objektiven und Subjektiven bildete. Doch das ist euch purer Unsinn, das weiß ich. Ihr versteht es nicht und wollt es nicht verstehen, warum die Bibel das Buch des Lebens ist. Ihr habt noch kein Organ dafür, daß der lebensreiche Gottesgeist, der Geist der Erleuchtung, so nennt ihr ihn, das Schriftwort in das Selbstbewußtsein des Menschen hinüberführt nicht blos, sondern es ihm erst wahrhaft erschließt. Zu solchem Gedanken erhebt ihr euch nicht, und könnt euch auch nicht erheben. Ihr feiert nur die Ausgießung des Geistes, die sich als ein Strom der Aufklärung aus eurem Herzen ergießt. Darum ist das Menschliche in euch kein Göttliches, und das Göttliche kein ächt Menschliches. Wir aber müssen behaupten: Die Schrift und das Bekenntniß bilden nur in dieser Einheit das wahre Leben der Kirche, ihre wirkliche Existenz als solche. Wo eine Schrift ist ohne Vermittelung des Symbols, da kann zwar ein religiöser Verband, aber noch keine Kirche sein, und wenn der Schwarm von Auslegern noch so groß wäre, eine Gemeinde könnten sie nicht bilden. Legen sie aber die Schrift, im Gebrauch auch alles gelehrt erforschten Materials in Kraft des heiligen Geistes aus, dann sind sie in einer Kirche, in welcher es auch sei. Darum behaupte ich, und werde es nie aufhören zu behaupten, daß zur Verständigung der Schrift, zum Beweis, daß ihr Inhalt ein in den Herzen der Gläubigen gegenwärtig und lebensreicher Inhalt ist, es nothwendig in jeder wahren Kirchengemeinschaft zum Bekenntniß kommen muß; ferner daß dieses Bekenntniß ein absolutes und vollgültiges Moment in der erscheinenden und manchen Veränderungen ausgesetzten Gestalt der Kirchengemeinschaft für immer ist und bleibt, auch wenn es aufhört, in den es noch bedingenden Gegensätzen sich auszusprechen; endlich, daß kein noch so kluger Weltkopf es zu annulliren, oder ein anderes an seine Stelle zu setzen, im Stande sein wird. Die Schrift ist das Unvergängliche und Ewige, das Symbol trägt, wie der Mensch den Leib des Todes, ein sterbliches Gewand an sich; eben nur seine Form; sein Inhalt, sofern es ein durch den heiligen Geist gewirkter Inhalt des Göttlichen der Schrift ist, bleibt ewig erhalten, pflanzt sich in der Kirchengemeinschaft als ihr göttliches Leben fort von Geschlecht zu Geschlecht. Daher es auch in der Geschichte aller Kirchengemeinschaften nachgewiesen werden kann, daß ein Verächter ihrer Symbole, als noch in den heiligen Kreis ihres Lebens gehörend nicht mehr angesehen werden konnte.

Aber hier werden die Feinde der Symbole auftreten und sagen, eben weil die Schrift das ewige, unwandelbare Wort Gottes ist, das Symbol nur eine vorübergehende Erscheinungsform desselben, so halten wir uns lieber an das Unwandelbare und Ewige, als an das Wandelbare und Zeitlose. So wird ihnen die Schrift, ohne ihre reale Existenz und Wesenheit, ein bloßes Ideal, und das allein festzuhalten soll der Preis und die Freiheit sein der evangelischen Kirche, sobald sie die Symbole fahren läßt. Mit dem Haschen nach Idealen legt es sich in unsrer Zeit in Etwas, und das Wirkliche fängt sich an mehr Geltung zu verschaffen. Man hat die Erfahrung auf andern Gebieten des Lebens hinter sich, daß ein Mensch mit Idealen ein sehr gewöhnlicher Mensch nach der Wirklichkeit sein, und ein Zeitalter von Idealen sehr wässerige Bestandtheile seines Lebens in sich tragen kann. Nur auf dem Gebiete der theologischen Wissenschaften macht sich noch das Reich der Ideale geltend, Es ist zum Beispiel ein Theologe ein Ideal von Theologen, wenn er über alle Systeme des Wissens hinweg ist, nicht mehr aner, nicht mehr ist ist; ein Ideal ist ein Theologe, wenn ers dahin bringt, irgend etwas Großes für das alte wankende evangelische Kirchengebäude ausfündig zu machen; eine Ausgeburt, oder besser Mißgeburt von Ideal wäre ein Theologe, wenn er das Hauptgebrechen der alten vergrauten orthodoxen Kirche, daß sie noch Symbole hat, aufdeckte, und eine Schaar Jünger um sich sammeln könnte, die alle mit erstaunlicher Hochachtung auf ein solches Ideal hinblickten. Aber lenken wir ein zum Realen der Symbole. Wir geben, wie wir es schon gethan, gerne zu, daß das Symbol ein Vergängliches ist, und daß der Inhalt der heiligen Schrift über demselben steht, aber nur in dem schlechten Sinne ist es ein vergängliches nicht, als wäre es z. B. nur eine Lüge und Unwahrheit, oder eine blinde Fessel, an welcher man das evangelische Volk 300 Jahre abermals gegängelt hätte. Pfui über eine so unwürdige Ansicht des evangelischen Bekenntnisses, welches das Bekenntniß der höchsten religiösen Freiheit im Volksleben geworden, und welches noch gegenwärtig unendlich mehr ächt protestantische Wissenschaft in sich schließt, als alle Weisheit des Zeitalters. Ein Symbol kann sich überleben, aber sein Inhalt ist erhalten, weil er der göttliche Schriftinhalt ist, und im religiösen Leben des Volkes bleibt; es streift nur seine irdische Hülle ab, die Vermittelungsform seiner ewig lautern Wahrheit; und dies thut es auch nur, weil die Gegensätze aufgehört haben, die es hervorriefen, und durch welche es, nach dem Gange seiner ihm nothwendigen Gestaltung, sich eigenthümlich auszudrücken bestimmt war. Das Symbol giebt sich aber zu solchem Tode, welcher **kein Tod** ist zum Tode, sondern ein Tod zur Neugeburt des Lebens, nicht hin, wenn die Kirche noch real den Gemeinschaften gegenüber existirt, die ihre innere Zuständlichkeit negativ bedingen; auch geht es nicht in solchen freiwilligen Opfertod, wenn ein Haufen Rationalisten oder Pietisten schreit: hinweg mit Dir ein neues Symbol wollen wir haben, wollen wir geben. Was ließe sich zur evidenten Bestätigung des eben Gesagten noch Treffliches anführen, wenn wir auf wahrhaft geschichtliche Weise der Symbole gedenken wollten, die nicht mehr sind und doch noch sind. Der uns zugemessene Raum gestattet es nicht. Was ließe sich auch Erhabnes, nicht nach Art der jetzigen Propheten, über die fern liegende Zukunft sagen, wenn das evangelische Gnadendogma von der Rechtfertigung wird sein polemisches und ernstes Gewand abthun; wenn beide großen Konfessionen des Reiches Gottes werden in die Arme des Herrn Jesu fallen, und den Tag der *einen* christlichen Kirche feiern, nachdem die Nacht des Irrthums sie so lange auseinander gerissen hielt. Lachet hierzu nicht, ich bitte euch. Die Weltgeschichte entwickelt sich ewig nach dem Gesetze des heiligen Gottesgeistes, der mehr vermag als wir zu bitten verstehen, und vor welchem tausend Jahre sind wie ein Tag. Dem Seherauge im Reiche Gottes ist es vergönnt sich zu erfreuen an dem Anblick der einen Gottesstadt, dem neuen Jerusalem, wo die Trennung nur noch eine solche ist, daß die wahre und heilige Liebe sich an den Gebilden sättiget, welche in eigenthümlicher Gestaltung sie ohne Aufhören hervorbringt.

Nach diesen von uns durchgeführten Erörterungen, wagen wir es unbedingt folgendes auszusprechen: wenn der theologische Sinn in den Lehrern der Kirche sich nicht so weit entwickelt, daß er einsieht und begreift, eine Kirche müsse neben der heiligen Schrift auch das Bekenntniß ihres Glaubens haben; und zumal die evangelische Kirche, in welcher die Gemeinden so gut wie ihre Geistlichen und oft noch besser ihren Glauben innerlich im religiösen Gedanken gegenwärtig haben, können als Grundzug ihres Glaubens, Denkens, Wirkens und Lebens das Bekenntniß nicht entbehren, so sind sie unfähig eine amtliche Thätigkeit im Sinne der evangelischen Kirche zu vollziehen; denn jede geistliche Amtsthätigkeit in der evangelischen Kirche, kann nur vollzogen werden in Beziehung auf die im Glaubensbewußtsein schon mündig gewordene Gemeinde; dieses Glaubensbewußtsein aber hat sie gegenwärtig in ihrem Bekenntniß, und ist auch darin nur mündig geworden, durch die religiöse Erziehung in und zum Bekenntniß ihres Glaubens.

Doch alle, welche über das Bekenntniß längst hinaus sind, und den jugendlich moralisch ästhetischen Geist, der in manchen Gemeinden sich schon zeigen soll, längst als die weiche Masse begrüßt haben, der sie in ihrer Amtsführung nur noch das Gepräge ihrer modernen

Bildung aufzudrücken haben, werden sich auch grade als die wahren Männer der Aufklärung, für die allein wissenschaftlichen Theologen ausgeben. Die alten symbolgläubigen Lehrer der orthodoxen Kirche werden sie mit Achselzucken betrachten, und in jedem Kampfe mit ihnen, sie durch eine einzige ihnen blos hingeworfene Behauptung zu Boden schmettern. Was werden sie sagen, hätte die Weisheit des Jahrhunderts Höheres errungen, wenn nicht dieses, nun endlich bei Auslegung der Schrift, sich aller dogmatischen Vorurtheile glücklich entwunden zu haben. Ihr alten orthodoxen Herrn seid nicht im Stande die Resultate unsrer Forschungen zu bewundern, sie ins jugendliche heitere Leben der Gemeinden überzupflanzen, so lange ihr durch die Brille der Symbole sehet. Legt diese ab, und ihr werdet die Riesenschritte auf dem Gebiete des geistigen Lebens so gut sehen als ihr sie vor euch habt auf dem Gebiet des materiellen Lebens! Wir können auf so gewaltiges Rühmen uns jetzt noch nicht entschließen zu begegnen, wir können die Fortschritte der modernen Schrifterklärung hier noch nicht würdigen, wir können noch nicht untersuchen, wer das unbekannte x des Schriftsinns zu enträthseln im Stande ist; aber wenn der Satz aufgestellt würde, daß der Inhalt unsrer Bekenntnisse mit dem Inhalt der Schrift nicht mehr vereinbar ist, so getrauten wir uns die Behauptung auf dem dogmatischen Gebiet gründlich durchzuführen, daß alle neuern Hypothesen, die hier in Betracht kommen, namentlich in den Lehren von der Sünde und den Sakramenten, nicht in den Vergleich zu stellen sind mit den Resultaten, die sich für die evangelischen Kirchen gemeinschaften in ihren Bekenntnissen aussprechen. Die neuere Dogmatik hat nur eine reichhaltigere Gestaltung, eine größere Fülle der subjektiven Entwickelungsformen angenommen; und das ist der Triumph, den sie in unsrer Zeit feiert, das ist ihr Gesez der Freiheit, in welchem sie sich fortzubewegen hat; aber ihren wahren Triumph würde sie zum Wohle der Kirche alsdann feiern, wenn der gediegene Inhalt des Symbols aus seiner spröden und abstoßenden Form, sich in jene Reichhaltigkeit subjektiver Gestaltungsweise so wahrhaft übergesetzt hätte, daß sie durchweg den Faden nachweisen könnte, welcher sie aufs innigste mit dem wahrhaft religiösen Leben der Gemeinde Gottes verbindet. Hierin allein und in keinem andern liegt das Princip aller Dogmatik, welches seinem Wesen nach eben so subjektiv, systematisch, speculativ oder wie ihrs nennen wollt, als geschichtlich kirchlich und objektiv, in beiden aber wahrer Inhalt in kunstreich plastischer Gestaltung ist. Welche Wege zu diesem hohen Ziele zu gelangen in neuerer Zeit eingeschlagen worden sind, davon mag ich mit euch nicht sprechen, denn ich würde eurer Weisheit zu nahe treten; aber daß ihr diese Wege, und dieses erhabne Ziel nicht kennt, ihr, die ihr die Kirchensymbole bei Seite bringen wollt, das liegt am Tage.

Aber auch welcher unkirchliche Sinn giebt sich in der Ansichtsweise zu erkennen, daß das Symbol für die evangelische Kirchengemeinschaft überflüssig sei!

Nicht einmal ein Gefühl haben diese Leute von heute, für das was die wahrhaft evangelische Freiheit ist. Wie unkirchlich geberden sie sich in ihrer Freiheit, die von keiner Grundlage eines objektiven Gesezes, an welches die Bewegung alles Lebens gebunden erscheint, mehr getragen wird. Wie unkirchlich und wie unfrei zugleich ist es, sich über das, was ein festes und nothwendiges Element, die wesentliche Substanz alles kirchlichen Lebens ist, leichtsinnig hinwegzusetzen. Jeder nur mittelmäßige Kopf, sobald ers nur bis zum Docenten gebracht hat, will sich auch sofort über die Kirche stellen, und den Begriff derselben aus seinem beengten Denkkreise formiren. In keiner Zeit als in der unsrigen, ist der Begriff der Kirche in so unendlich viele Atome zerfallen. Anstatt daß der Theologe in die lebendige Bewegung der kirchlichen Substanz, aus welcher ihr Begriff resultirt, sich versenkte, und seine subjektive Freiheit einstweilen in diesem rein objektiven Elemente von allen Schlacken der leeren Einbildung und Anmaaßung reinigte, überspringt er lieber die Geschichte, lernt ihre Momente wie die Knochen an einem Skelett, erfindet Begriffe, vermischt sie mit Urtheilen der absoluten Freiheit, nimmt das nothwendige historische Pathos an, und bringt dann über ganz winzige Dinge, einen Geschichtsvortrag hervor, daß einem Hören und Sehen vergeht. Der Geschichtsschreiber soll der Freiheit huldigen. Gut. Darin liegt aber noch lange nicht, er soll die Momente aus der Geschichte herausnehmen, sie bekritteln, und passen sie nicht in seinen Kram, weil sie nicht frei genug sind, wegthun, und andern dasselbe anrathen. Nicht die Freiheit, in welcher sich jeder schaukeln läßt in allerlei Wind der Lehre, nicht die Freiheit, in welcher der Student schon anhebt sich als Richter in der

Kirchenlehre zu erheben, ist die Freiheit der evangelischen Kirche. Diese vielmehr hat ein tiefes Moment der Nothwendigkeit, und demuthsvoller Unterwerfung in sich. Die evangelische Kirche ist nicht die Kirche, die, wenn sie dem freien Gedanken allen nur möglichen Spielraum läßt, der Freiheit zugleich die Thore der Willkühr und Zügellosigkeit öffnet. Die evangelische Kirche hat das feste und nothwendige Element als plastisch geschlossene Einheit und Allgemeinheit eben so in sich als die katholische, nur daß jene eine Allgemeinheit hat, von der das Individuelle angezogen, und in sein festes Lebenselement so aufgenommen, von ihm so durchdrungen wird, das es darin als das wahrhaft Individuelle erscheint. Die Allgemeinheit der katholischen Kirche aber ist eine verknöcherte, eine verstorbene, die aus dem Centrum ihres Herzens keine Pulse zu weitern Bewegungen mehr entläßt. Die evangelische Kirche ist in ihrer Freiheit eben so objektiv als subjektiv. Aus ihrem objektiven Inhalt strömt alles freie Leben in ihr hervor. Den objektiven Inhalt der evangelischen Kirche, ohne welchen kein wahres freies Element in ihr denkbar ist, bildet der höchst abgerundete vollkommen plastisch gestaltete Kreis ihrer Symbole; in diesen alten, nach eurer Ansicht überflüssig gewordenen, Schriften, hat sie ein gediegenes System ihrer religiösen Anschauungen, welches in die Form der theologischen Wissenschaft überzutragen eine unendliche Aufgabe für den wissenschaftlichen Gedanken ist. Dieses System hat sie mit Nothwendigkeit in solcher Weise, daß sein religiöser Inhalt zugleich ein lebendig gegenwärtiger im Herzen und im Bewußtsein ihrer Gemeinden ist. Ein System hat die Kirche nur, wenn es die Gemeinde hat. An den Symbolen, in welchen sich der ganze Inhalt der Schrift in seinen Hauptmomenten der Gemeinde erschlossen hat, hat dieselbe ihr Kirchensystem, oder was dasselbe ist, die feste Einheit ihres religiösen Lebens, in welcher sie selbst erst etwas freies selbstthätiges und aneignendes sein kann. Nach eurer Geschichtsansicht ohne Symbole, habt ihr allein die Freiheit, und die Gemeinden sind der massenartige Gegenstand eurer freien bildenden Thätigkeit. Ihr wollt sie erst zu Gemeinden machen. Die Gemeinden aber sind mehr als ihr seid, und ich weiß nicht, ob ein angehender Geistlicher, wenn er nur grade nicht aus eurer Schule kommt, in den ersten 5 Jahren seiner Amtsthätigkeit, mehr von der Gemeinde lernt, oder die Gemeinde von ihm. Und Gott sei Dank daß es in der evangelischen Kirche, in der Kirche der Freiheit so ist. Was ist das nun für ein unkirchlicher Sinn, wenn der mit seiner Weisheit aufgespreizte Prediger vor der Gemeinde auftritt, und sie ansieht wie eine todte Masse, die er eben erst zu belehren, und in das Licht seiner Aufklärung hinüberzuführen hat? Ist das nicht unevangelisch, und hierarchisch im ärgsten Sinne des Wortes? Wenn der rationalistische Prediger (es giebt sehr ehrenwerthe Rationalisten, die es mit der Kirche und ihren Gemeinden sehr gut meinen) statt des Glaubens nur die Werke in dem üblichen Moral-Nexus vorträgt, so wird er im Ganzen genommen, so lange er nur nicht gegen den Kirchenglauben polemisirt, noch die Gemeinde befriedigen, weil sie in ihrem kirchlichen Bewußtsein zur moralischen Regel den

Grund des Glaubens hinzufügt; aber wenn der Mann von heute, nur in kunstvollen Wendungen, in hochtrabenden Reflexionen, und ästhetischen Formen den heiligen Inhalt der Schrift in Bildern, Ekstasen und Begriffen seiner modernen Bildung verflüchtiget, und er die Gemeinde so weit hat, daß sie aus vollem Entzücken sich aufgiebt in ihrem Glaubensbewußtsein, und jeder ruft: nein die Predigt hat mir gefallen, so ist aller evangelische Gottesdienst von Grund aus zerstört. Hier hat alle wahre Erbauung ihr Ende erreicht. Eine Predigt erbaut, nicht wenn die Gemeinde in ihr sich kritisch verhält, den sentimentalen, gefühlreichen, ganz ursprünglich und neuen Inhalt derselben bewundert, und darüber ausruft, das ist köstlich, das ist schön, sondern vielmehr eine Predigt erbaut nur, wenn die Gemeinde den Inhalt ihres Glaubens, in welchem sie den schweren Kampf mit der Welt zu kämpfen hat, durch Auslegung des göttlichen Wortes und in Kraft des heiligen Geistes, so abermals nach dieser oder jener Richtung hin als die Kraft und die Wahrheit aus Gott, gegen die Ohnmacht und Lüge der Welt, in ihrer Seele bestätiget findet, daß sie still hinweggeht, und gar nicht an den Prediger weiter denkt, sondern nichts Angelegentlicheres zu thun hat, als diesen köstlichen Inhalt in ihrem Herzen zu bewegen, und aus ihm hervorkeimen zu lassen die heilige Gesinnung, in der sie eins mit ihrem Heilande, den harten Kampf gegen Sünde und Welt zu bestehen vermag. Der Glaube ist ein so schwankendes ohnmächtiges Ding, zumal in unsren Tagen, daß wir gar nicht lange suchen dürfen nach dem, was Ziel und Zweck und

Erbauung einer Predigt heißt. Und eine gut gearbeitete Homiletik unsrer Tage muß wesentlich sich zur Aufgabe machen, wie alle Kunstform in der Predigt so weit gebändigt werden muß, daß auch nicht eine Gelegenheit der Gemeinde gegeben wird, ihren Weltsinn und Kitzel nach rein ästhetischer Anregung zu befriedigen. Hier werdet ihr sagen, da hört den Mann der Verjährung; ich aber wollte euch beweisen, was die Kunst einer Predigt ist, und an allen euren Predigten euch auseinander setzen, daß ihr einen wahren Kunstsinn, der unserer heiligen Religion so innigst verwandt ist, gar nicht besitzt. Eure religiöse Kunst kommt nicht aus dem Inhalt der in menschlicher Form sich gestaltenden Religion her, sondern eure Kunst ist aus den Lumpen eurer anderweitigen modernen Bildung zusammengeflickt. Wenn ihr nun wissen wollt, was eine Gemeinde von einer Predigt erwartet, so fragt ihr Bekenntniß, ihr Glaubensbewußtsein, darin sagt sie es euch. Der höchste Grundsatz der evangelischen Predigt ist der, daß sich ihre Schriftauslegung erst in der Einheit mit dem Bekenntniß zu dem wahrhaft religiösen Stoff erhebt, der bis ins Herz der Gemeinde strömt, und von ihr auch nur so selbstständig zur wirklich christlichen Lebensthat aufgenommen werden kann. Nur die kirchliche Predigt im eminenten Sinne des Wortes wirkt Erbauung, und ist durchweg von Andacht durchströmt. Nur in der kirchlichen Predigt ist der heilige Gottesgeist, der Prediger und Gemeinde auf den einen Grund, Jesum Christum weiter erbaut, und aller Hochmuth und Dünkel fällt darin in Staub zusammen. Ein Geistlicher, der nicht im kirchlichen Verständniß die Schrift auslegt, vielmehr das Glaubensbewußtsein der Gemeinde, worin ihre Buß- und Gnadenkammern aufgeschlossen sind, verläugnet, sich damit aus Hochmuth nicht erst befassen mag, kann das evangelische Predigtamt, welcher modernen Zeitrichtung er auch folge, im Sinne und Geist der evangelischen Kirche nicht verwalten.

Noch plumper und abgeschmackter nimmt sich diese Freiheit, von welcher der Grund ein unkirchlicher Sinn ist, im liturgischen Element des Gottesdienstes aus. In diesem Element ist nach dem Wesen der evangelischen Kirche der evangelische Geistliche, wie Harms, der wahre Kirchenmann, schon bemerkt hat (euch studirenden Jünglingen rathe ich, bevor ihr das Kollegium der Liturgik von eurem Professor hört, den Priester von Harms zu lesen), der Priester, welcher nur die Opfer der Gemeinde, nämlich ihre Gebete, Gott darzubringen hat. Mit andern Worten, der betende Liturge ist nur das Organ der betenden Gemeinde; das Gebet ist ihr Eigenthum, aber auch eben so sehr des Liturgen Eigenthum, und er kann nicht Gebete vortragen, deren Inhalt er negirte, so wie er nicht taufen kann auf das apostolische Glaubensbekenntniß, wenn er nicht durchweg von der Wahrheit desselben überzeugt ist. Als betender Liturge muß er tief durchdrungen sein von der Wahrheit dieses heiligen Aktes, in welchem er ganz in das Glaubensbewußtsein der Gemeinde sich zu versenken und sein Ich bis auf die letzte Spur zu vergessen hat. Daher der Liturge im liturgischen Gebet nicht Beliebiges der Gemeinde vorzutragen hat, sondern zwischen ihn und die Gemeinde tritt das Kirchenregiment, dessen heiligste Pflicht es ist, darüber zu wachen, daß das liturgische Element seinem Wesen nach nicht verletzt werde. Und was ist denn das Tiefe und Objektive dieses Elements, was seiner Natur nach als ein kirchlich Allgemeines, im Bekenntniß festgehaltenes sein muß? Es ist die Tiefe des wahrhaft religiösen Gefühls, aus welchem sich der Inhalt dieser Gebete hervorhebt. Dieses Gefühl ist nicht die Wärme des Rationalisten, auch nicht das sich selbst unklare Gefühl der Pietisten, sondern es ist das Gefühl, was sich ganz mit dem religiösen Gedanken zusammengeschlossen hat, und in dieser Einheit so zur wahren erkenntnißreichen Andacht der Gemeinde geworden ist, daß sich ihr Glaubensbewußtsein in diesem Theile des Kultus in seiner innersten Substanzialität und zugleich auf seinem höchsten Gipfel ausspricht. Nun denke man sich einen Liturgen ohne dieses Gefühl der Andacht, was doch wesentlich nur aus dem Bekenntniß der Gemeinde zu dieser Klarheit und Innigkeit sich hervorhebt, und man hat eine Karrikatur auf dem Gebiete der Religion. Es ist unverzeihlich, daß über dem Studium der Theologie dieses Element so vernachlässigt wird, daß man höchstens nur den Namen der Liturgik kennt, sie in einigen ästhetischen Floskeln vorträgt, von dem Wesen derselben aber nichts versteht. So hat man freilich unendliche Nachsicht zu üben, wenn Geistliche auf diesem Gebiet sich so ganz ungeschickt benehmen. Ihr Organ dafür ist nicht geschärft worden. Und wie kann ein angehender Theologe einen wahren Begriff des liturgischen Elements im Kultus sich zu eigen machen, wenn er die Gemeinde nicht betrachten lernt als im vollen Bewußtsein ihres Glaubens? Wenn der Lehrer der praktischen Theologie ihn bei Zeiten darüber ins Klare bringt, daß es mit den Symbolen und Bekenntnißschriften der Kirche ein verjährtes Ding ist. O wir Geistliche haben keinen Grund uns andere Verfassungsformen zu wünschen, keinen Grund größere Synoden zusammen zu rufen, aber das Kirchenregiment in seiner ersten und höchsten Person sollten wir dringendst bitten, daß das Fach der dogmatischen und praktischen Theologie an jeder Landesuniversität, zugleich auch in die Hand eines Mannes gelegt würde, der lebendig im Interesse der Kirche und in ihrem Bekenntniß stände. Wenn es auf andern Gebieten der Theologie, wie z. B. in der Exegese, ein unendliches Gebiet von Materialien, historisch antiquarisch grammatischen Vermittelungsformen giebt, auf welchem der redliche Forscher und gründliche Gelehrte, auch wenn er dem Dogma der Kirche seine Beistimmung nicht schenken konnte, doch unbewußt viel Ersprießliches aus dem Schatz seiner Erkenntniß für und zum Nutzen der Kirche ans Licht fördert, so verhält sich dies auf dem praktischen Gebiet ganz anders. Wenn ein unkirchlich oder modern kirchlicher junger ästhetischer Theologe von esprit die so ernsten Fachwerke der praktischen Theologie, wie die Homiletik, Liturgik, Katechetik behandelt, so kann er diese tief kirchlichen Wissenschaften doch nur in seinen 5 oder 6 Aufklärungsbegriffen in den Schwung einer Bewegung bringen, bei welchem Studenten, die sich noch an ihre Confirmation erinnern, und die sonst noch ein gesundes Organ für einfache Wahrheit haben, grau und schwarz um die Augen werden muß.

Doch wir lenken zu unserer Betrachtung ein. Eine wissenschaftliche Liturgik auf Grund der Bekenntnisse verfaßt, ist das noch tiefgefühlte Bedürfniß der Kirche. Das hat der wackere und wahrhaft wissenschaftlich gebildete Ehrenfeuchter jüngst in der Zeitschrift „Studien und Kritiken" dargestellt, und ich stimme ihm darin völlig bei. Ich habe Altargebete in Sonntags-Liturgien, als bei Begräbnissen gehört, die fast ans Komische grenzten, in dem Kontrast, welchen sie zum Gesange der Gemeinde bildeten. Was ist das für ein Kontrast, wenn ein Geistlicher vor der Trauer-Epistel singend betet:

Himmlischer Vater! Du hast uns aufs Tiefste betrübt, daß Du den geliebten Mitbruder, dessen irdische Ueberreste wir so eben bestattet, aus unserer Mitte gerissen. Mit seinem Scheiden von uns ist unser höchstes Glück, sind unsere schönsten Hoffnungen zertrümmert. Ach! was hat der Geliebte nicht alles für uns gethan! Wie wacker hat er seinem Berufe vorgestanden, in welchem unermüdlichen Eifer ist er für uns thätig, mit welchem hellsehenden Verstande geschickt gewesen, das Wohl der menschlichen Gesellschaft zu befördern! Er war in allem ein Freund und Muster hoher beglückender Tugend. O Verwandte, Tiefbetrübte, ihr habt ein Recht, den tiefsten Schmerz bei dem unersetzlichen Verluste des treuen Gatten und Vaters laut werden zu lassen; aber vergesset dabei nicht, daß nun der schönste Lohn der Tugend ihm zu Theil geworden! Schöpfet Trost aus diesem süßen Gefühl! Sein Bild wird in eurer Seele fortleben, sein Geist wie ein freundlicher Schutzengel euch zur Seite stehen. Darum übet Recht und Tugend, dann habt auch ihr das frohe Bewußtsein eines in der Tugend geführten Lebens, was ein liebender Vater des Himmels nicht unbelohnt lassen kann.

Und dann die Gemeinde singt:

Meinen Jesum laß ich nicht,
Er hat mich auch nicht verlassen,
Da mich Gottes Angesicht
Wegen meiner Sünd mußt hassen;
Jesus war mein treuer Freund,
Der es herzlich gut gemeint.

Es ließe sich aus Agenden, wie die von Wolgast u. A., eine Gallerie von solchen liturgischen Gebeten formiren, in welchen auch nicht eine Spur vom Glaubensbewußtsein der Gemeinde, von ihrem Bekenntniß anzutreffen ist. Und wären nicht für unsere Gemeinden noch ihre Gesangbücher, an welchen man leider auch schon niedergerissen hat, ohne die Kraft zu besitzen wieder aufzubauen, ein größtentheils kirchlicher Boden, so behaupte ich, wäre in manchen evangelischen; Gemeinden auch nicht eine Spur mehr zu entdecken von jener innigsten religiösen Einheit ihres Glaubens, die im liturgischen Element vorzugsweise sie zur Gemeinde Jesu des Herrn macht. Ein achtungswerther Mann bewies mir, daß unsere Landgemeinden nur in die Kirche kämen, um im Gesange sich zu erbauèn, auf folgende Weise: In den christlichen Liedern finden sie noch die altherkömmliche Frömmigkeit ihrer Väter und ihres Katechismus, in dieser Frömmigkeit allein wollen sie ihre religiösen Be=

dürfnisse befriedigen. Das ist die Art unsers Landvolks. Die Gebete beten sie allenfalls noch mit, wenn sie ihnen bekannt sind, wie das Vaterunser, und erbauen sich daran. Die Predigt aber, wenn sie nicht von diesen Bestandtheilen noch eingefaßt wäre, würden sie gewiß nicht zahlreich mehr besuchen, denn entweder giebt man ihnen darin zu Leichtes, was sie selbst wissen, oder zu Schweres, wofür ihnen der Sinn abgeht. In der Stadt ist das was anders, da ist das Publikum aufgeklärt, da interessirt die Predigt eines geistreichen Mannes, zumal wenn er Redner von Natur ist. Aber unsere Landgemeinden wird man zu dieser Aufklärung nicht heranbringen, und es wäre auch schlimm, denn wer würde alsdann noch gern den Pflug in die Hand nehmen. Er hatte Recht, aber auch Unrecht; für seine Belehrung bin ich ihm noch heute Dank schuldig.

Doch wir haben den kirchlichen Sinn noch auf einem andern wichtigen Gebiet in seiner Nothwendigkeit darzustellen. Es ist das Gebiet der kirchlich religiösen Erziehung. Auf diesem herrlichen fruchtbaren Boden glaubt jeder Idealist vorzugsweise thätig sein zu müssen, um sich eine Gemeinde nach seinem Sinn, nach seinem Herzen zu bilden. Ja der wahre Idealist weiß in seiner Begeisterung und in seiner Amts-Ekstase schon das Jahr und den Tag zu berechnen, wenn er die Gemeinde in das moderne Gewand seiner Bildung wird eingekleidet und ihr den alten Rock der väterlichen Frömmigkeit ausgezogen haben. In der Mode giebt es noch ein Rokoko, aber auf dem Felde der religiösen Erziehung tritt der Mann von Welt, der gebildete Pädagoge um keinen Fuß zurück. Das wäre eine Sünde wider den Geist der Zeit. Das könnte er sich nie vergeben. Und wie abgeschmackt die religiösen Erziehungsmethoden in unsern Tagen gewesen sind, hatte wesentlich seinen Grund darin, daß die Männer der Emancipation sich Schemata und Ideale für die religiöse Erziehung entworfen, mit welchen sie die Welt aus ihren Angeln heben, ein zukünftiges Geschlecht comme il faut uns zubereiten wollten. Und was ist mit dem Haschen nach diesen pädagogischen Idealen erreicht worden? Oder was für unheilbaren Schaden hat solche Pädagogik zurückgelassen? Wir wollen die großen Fortschritte im neuern Methoden-Wesen nicht verkennen, aber im religiösen Gebiet ist durch die ausleerende Aufklärung ein unendlicher Schaden angerichtet worden. Die bessern Elemente fangen jetzt aus der Tiefe ihres Verfalls wieder an aufzutauchen. Es giebt in den gebildeten Klassen solche, die ihre Kinder nicht mehr werden von einem Geistlichen erziehen lassen, der ihnen die heiligen und ernsten Lehren der Religion in der Gestalt eines schönen Blumenstraußes präsentirt. Es fängt sich an auch auf diesem Gebiete ein tieferes Bedürfniß herauszustellen. Man sehnt sich nach fester Gestaltung der kirchlich religiösen Erziehung. Aber wer schreibt die Gesetze einer auch objektiv begründeten Erziehungsweise ins Herz der Pädagogen? wer führt sie zurück von ihren rein subjektiven Maximen zur wahren Kunst einer segensreichen Lehrthätigkeit für Kirche und Staat? In der Kirche ist dieser objektiv religiöse Inhalt, der in den bildsamen Formen des kindlichen Bewußtseins zu einer unendlich reichhaltigen Gestaltung im wahrhaft religiösen Leben hinübergeführt werden kann, noch vorhanden. Hier auf diesem Gebiet ist noch eine gediegene Grundlage, worauf die religiöse Erziehung sich gründen kann. Und worin suchen wir diese Grundlage? Darin, daß unsere Gemeinden gegenwärtig noch im Bekenntniß stehen, und auch immer stehen werden; daß die Gemeinden noch ein Bewußtsein davon und ein tiefes innerliches Verlangen darnach haben, daß ihre Kinder in demselben Glauben erzogen und gebildet werden sollen, worin sie selbst erzogen und gebildet worden sind. Die im Unterricht werdende Gemeinde soll mündig werden im Glauben der gewordenen Gemeinde; das Bekenntniß, welches die Glieder der gewordenen Gemeinde abgelegt haben, sollen auch ihre Kinder ablegen; und wenn es Gemeinden sich haben gefallen lassen, daß Geistliche ihre Kinder auf selbst entworfene Bekenntnisse in der Konfirmation haben verpflichtet, so ist dies nur ein Beweis davon, wie destruirend die unkirchliche geistliche Amtspraxis bereits auf einzelne Gemeinden gewirkt hat. Aber werden die Liebhaber der Aufklärung sagen, wenn die Erziehung diesen Gang nehmen soll, daß nur immer das folgende Geschlecht lernt, was das vorhergehende schon gelernt hat, da haben wir den absoluten Stillstand des Menschengeschlechts. Aber ich bitte euch, übereilt euch nicht in diesem Urtheil! Ihr haltet doch sehr viel von der christlichen Religion; sie ist euch die wahre Erkenntniß und Verehrung Gottes; ihr gebt zu, von Gott sie empfangen zu haben. Glaubt ihr nun ernstlich, daß ihr durch eure Bildung diesen göttlichen Inhalt werdet verändern, verbessern, bereichern? Das gewiß nicht. Aber ihr fördert aus diesem Inhalt mehr zu Tage, ihr führt das Dunkle dieses Inhalts hinüber ins Licht des Lebens. Das ist das Fortschreiten eurer Aufklärung. Ich bitte euch, besinnt euch! Ihr könnt es weder geschichtlich noch philosophisch beweisen. Es hat Zeiten gegeben, eine solche ist die gegenwärtige, wo die Bildung zu ihrem absolutum gekommen ist, aber der göttliche Inhalt der Offenbarung blieb dieser Bildungsstufe gänzlich verschlossen; und umgekehrt, es hat Zeiten gegeben, und eine solche war die apostolische, wo in Menschen, die eure Bildung nicht kannten, nicht hatten, der Lebensinhalt der göttlichen Offenbarung zu seinem absolutum gekommen war. Von den Jüngern des Herrn läßt sich eine höhere Bildungsstufe, auch die höchste der damaligen Zeit, gewiß nicht nachweisen, und sie wurden die Säulen des Gottesreiches, und sind heute noch die Männer, an deren Schriften aller Scharfsinn der Gelehrten zerbricht. Also gesteht es nur: die wahre Bildung beruht nicht auf einer Veränderung, welche wir dem religiösen Inhalt geben, der ist und bleibt ewig derselbe; sie ist ein Fortschreiten und Weiterfließen im Wechsel ihrer Formen. Aber diesem Fortschritt liegt das Feste zum Grunde, und das Feste aller wahren religiösen Bildung ist der göttliche Schriftinhalt, wie er in der Glaubenssubstanz des Symbols ein Eigenthum der wahren Gemeinde geworden ist, und durch welchen bewußten Glauben die Gemeinde allererst den Willen hat, ihre Kinder kirchlich erziehen zu lassen. Da ist er wieder beim Symbol, werdet ihr sagen, wäre er bei der

Schrift geblieben, so wollten wir ihm etwas bewilligen. Aber hütet euch zu meinen, daß ich auf Kosten der Schrift das Symbol vertheidige. Ich wünschte vielmehr, ich fände Gelegenheit, euch das Geschäft der religiösen Erziehung, was ich selbst übe, in seinem ganzen Verlauf mit allen seinen verschiedenen Stufen der Familie, der Schule, der Kirche vor die Augen zu stellen; die Hauptabtheilung in meiner Katechetik wäre der objektive Theil des Lehrinhalts und der subjektive Theil der Lehrthätigkeit. Beide müßten sich in einem Princip zusammenfinden. Mit dem Inhalt der Schrift würde angefangen, aber es müßte sodann auch nachgewiesen werden, daß er auch nur, sofern er ein im Glaubensbewußtsein der Gemeinde gegenwärtiger ist, der wahre religiöse Lebensinhalt für die religiöse Erziehung der Jugend sein kann. Für den Konfirmanden-Unterricht haben wir zur Grundlage selbst ein symbolisches Buch, den lutherischen Katechismus. Diesen dem Katechismus-Unterricht nicht mehr zum Grunde legen zu wollen, würde wenigstens viele, besonders Landgemeinden zu ernstlichen Fragen veranlassen, die sie ihrem Seelsorger würden vorlegen. Und in der That, dieses Symbol, durch welches alles wahrhaft kirchliche Leben sich gebildet und von Geschlecht zu Geschlecht erhalten hat, negiren zu wollen, verriethe einen völlig unkirchlichen Sinn. Man muß sich in dieses Buch durch eine längere Amtsthätigkeit hineinstudirt haben, um den Werth desselben für den Konfirmanden-Unterricht zu würdigen. Weder an Inhalt noch an Form übertrifft es ein moderner Katechismus. Und auch diejenigen bessern Leitfaden, die auf Grundlage der Schrift verfaßt sind, lassen sämmtlich etwas zu wünschen übrig; und gerade diesen Mangel ersetzt der lutherische Katechismus. Woher diese merkwürdige Erscheinung in diesem kurzgefaßten Büchlein? Daher, er ist durchweg symbolisch, er kommt mit seinem Inhalt aus dem Glaubensbewußtsein der Gemeinde her, während alle andern Katechismen herkommen aus den Kreisen dieser Ansichten, dieses Denkens, dieser religiösen Bildung. Betrachtet man den lutherischen Katechismus rein nach seinem Inhalte, so ist gerade so viel in demselben enthalten, als die Gemeinde haben und wissen muß, um Theil zu nehmen am evangelischen Kultus, und darin selbstthätig aneignend zu erscheinen. Wenn nun dieser Katechismus die Jugend an diesen heiligen Stoffen bis zum Bekenntniß desselben Glaubens, den die Gemeinde im Kultus schon hat, hinüberführt, ist er darin nicht ein köstliches Buch? Soll er den Leuten nicht lieb sein? Sollen sie ihm kein Vertrauen mehr schenken? Betrachtet man diesen Katechismus nach seiner Form, so muß auch diese in System und Ausdruck als höchst vollkommen betrachtet werden. Das Gesetz muß an der Spitze der ganzen Heilsordnung stehen, es erweckt, es führt über ins Gefühl der Erlösungsbedürftigkeit, dann folgt die eigentliche Heilslehre, die Offenbarung des dreieinigen Gottes, Vater, Sohn und Geist, mit Recht so aufgenommen, wie sie das apostolische Symbolum enthält, denn in diesem Symbol ist die wahre Erkenntniß Gottes der Christenheit auf Erden immer gegenwärtig gewesen, und wir beweisen dadurch, daß wir unsere höchste geschichtliche Lebenseinheit noch inmitten der Christenheit haben, nicht revolutionär zerstört, sondern den tiefen erkannten und erfaßten religiösen Inhalt auf höhere Formen zurückgeführt (reformirt) haben. Dann folgt die Heilsordnung, das Gnadenmittel, wodurch der waltende Gottesgeist in seiner Gemeinde die von Gott erschaffne aber tief gefallne Menschheit (Kreatur) unausgesetzt im Glauben an den dreieinigen Gott erhält, und sie immer tiefer in die Geheimnisse der Erlösung einführt. Wie großartig, in welcher vollendet plastischen Gestalt bewegt sich der göttliche Inhalt der Schrift, in Angemessenheit der zu bildenden menschlichen Natur in diesem Lehrbuche durch alle Formen seiner Entwickelung hindurch! wie herrlich und ächt evangelisch (wer sollte das evangelische Gnadenprincip in den Erklärungen dieses Lehrbuches nicht als das erkannt haben, was alles tragen, bewegen, ins Leben setzen soll) führt er das erwachende kindliche Bewußtsein ins Leben der Wiedergeburt im Glauben an Jesum, wie rein, wie edel, wie ächt fromm und christlich ist darin alles gehalten! Wenn ihr nach diesem Buche, d. i. aber in seinem Geiste, den Religionsunterricht ertheilt, so habt ihr das höchste Ziel erreicht, was ihr erreichen könnt; den Lehrinhalt der Schrift habt ihr in der Jugend Gemüth gepflanzt, und die Jugend liest dann mit vollkommnem Verständniß die Schrift, erklärt, legt aus, eignet sich an, und macht die Bibel zum Buch des Lebens, wie es die Christenheit thun soll. Und warum thut dies alles nur dieses Buch? Antwort. Weil es das Glaubensbewußtsein der Gemeinde in seinem reinsten Ursprunge darstellt, weil es absolut am

Bekenntniß festhält, von welchem jeder moderne Katechismus nach der Eigenthümlichkeit seiner Bildungsstufe sich entfernt. Nun ist zwar diese eigenthümliche Bildungsstufe mit ihren reichen Formen auch ein nothwendiges Element der Jugendbildung, aber doch nur so, daß es in jenem festen substanziellen Inhalt der Schrift und des Symbols zum Vorschein kommt und davon getragen wird. Ohne diese confessionelle Grundlage wird aller Religions-Unterricht matt und farblos, er wird Begriffsentwickelung und Urtheilsform ohne religiöses Leben. Und wenn ihr euch noch so sehr abmüht, euch in eine religiöse Stimmung in diesem Unterricht zu versetzen, und noch so gefühlvoll und paränetisch erscheinen wollt, es flieht euch das religiöse Leben, so lange ihr nicht in der Gemeinde seid, die der Geist Gottes bewegt und erleuchtet. Alle Religion ist nicht Abstraktion, nicht Reflexion, nicht Gefühl, sie ist allgegenwärtiges Leben des göttlichen Geistes in uns, aber nur in uns, sofern wir seine Gemeinde sind und bleiben. Darum ist das Symbol des lutherischen Katechismus so wichtig, weil darin jung und alt immer bei einander sind; darum auch in diesem Glaubensbewußtsein von ganz concreter Natur ist gerade der lutherische Katechismus der absolut kirchliche und deswegen absolut biblische und christliche. Es wäre eine Aufgabe unsrer Zeit, dieses verfallne Buch in seinen wahrhaft religiös pädagogischen Entwickelungsmomenten einer wissenschaftlichen Beleuchtung zu unterwerfen. Es gehörte freilich dazu mehr theologische Einsicht, mehr dogmatische Arbeit, mehr geschichtliches Studium als alle modernen wissenschaftlichen Richtungen außer der Kirche zu geben im Stande sind. Ein Mann wie Sartorius, der ein Muster der theologischen Wissenschaft ist, muß sich diese Aufgabe stellen.

Es bleibt uns nun noch übrig, die Frage zu beantworten, welche Stellung das Kirchenregiment vorerst auf dem Gebiete des Kultus und des Unterrichts einnehmen würde, wenn wirklich evangelische Geistliche diesen Schritt wagten, und vor ihren Gemeinden erklärten, daß ihre Bekenntnisse für sie keine bindende Kraft mehr haben könnten? Daß das Kirchenregiment diese Gebiete zu beaufsichtigen, und einen gesetzgebenden Einfluß auf sie zu üben hat, ist außer Zweifel gestellt. Das Kirchenregiment übt aber diese Rechte nicht im Geiste der verschiedenen theologischen Richtungen der Zeit, sondern im evangelischen Geist der Gemeinden und dem wissenschaftlichen Bewußtsein darüber. Das Kirchenregiment ist von Gott geordnet, daß es den Geist der Kirchengemeinschaft auf allen Stufen der Kirche in seiner religiösen Lebenscirculation erhalte, gegen wilde Einbrüche beschütze, krankhaft zerstörende Stoffe selbst epidemischer und contagiöser Art, (in unsrer Zeit der Partheien nimmt fast jeder Krankheitsstoff in der Kirche einen contagiösen Charakter an) von ihr entferne. Diese Aufgabe kann das Kirchenregiment nur in demselben Geiste der Kirchengemeinschaft, und zugleich in der wahrhaft historischen Anschauung seiner Formen lösen. Dieser Geist und diese historischen Formen, die sich in der bestehenden Konsistorial-Verfassung ausgeprägt haben, vereinigen sich zu der kirchenregimentlichen Thätigkeit, wodurch jene gesunde Circulation des religiösen Lebens in der Gemeinde erhalten ist und wird. Auch das Kirchenregiment hat seine historische Basis sowohl im geschichtlich religiösen Leben der Kirchengemeinschaft, als auch in den geschichtlich gewordenen Verfassungsformen, in und durch welche der göttliche Geist das rein Natürliche zu Organen seiner geistigen Vermittelung unausgesetzt verwendet. Daher das Geschrei nach ursprünglich apostolischer Verfassung, ohne die geschichtlich historische Vermittelung, gleichfalls ein Unding ist, so wie überhaupt die Auflösung der Verfassung einer Kirchengemeinschaft, die ihr religiöses Leben in und durch ein noch vollgültiges Bekenntniß auf bewußte Weise ausspricht, ein Unternehmen wäre, was sich in keiner Weise rechtfertigen ließe, und was von Folgen großer Zerstörung im kirchlichen Leben begleitet sein dürfte. Wenn nun aber jede kirchenregimentliche Thätigkeit an das Glaubensbewußtsein der Gemeinde gebunden, und wesentlich dieses Bewußtsein selbst ist, wie spricht sich im Kirchenregiment das Wissen um dieses Bewußtsein aus? Darin spricht es sich aus, daß das Kirchenregiment weiß, wie die Kirche den Lehrinhalt der Schrift im Bekenntniß sich angeeignet, und darin sich das allgemeine Bewußtsein vom Glauben gegenwärtig erhält. So innig sind Kirchenregiment und Kirchengemeinden verbunden, daß im Glaubensbekenntniß, was in beiden eins und dasselbe nur in verschiedenen Formen, im Kirchenregiment eine gesetzgebende und regierende, in den Gemeinden eine aneignende und aufnehmende Thätigkeit hervorbringt, die wahre reale Existenz der Kirchengemeinschaft beruht, und das Kirchenregiment nichts unternehmen kann, ohne das Glaubensbewußtsein der Gemeinde dabei zu berücksichtigen. Der Fall müßte denn eintreten, daß das Kirchenregiment die substanzielle und wahre Lebenseinheit der Gemeinden aufgebe, und sich irgend einer Parthei, oder irgend einer Ansichtsweise der theologischen Stimmführer zuwenden, aus seinem objektiven Kreise rein kirchlicher Entscheidung heraustretend, an diese unbestimmte rein individuelle, oft willkührliche Vermittelungsform des theologischen Wissens seine kirchenregimentliche Thätigkeit anknüpfen wollte. Dann würde jede Parthei, hoffend oder fürchtend, diesen Punkt der Entscheidung erwarten, und das Kirchenregiment selbst würde in die allergrößte Verlegenheit kommen, welchem Princip unter den Extremen von heute es huldigen, welcher Auffassungsweise der heiligen Schrift es Spielraum und Eingang in das religiöse Leben der Gemeinde verschaffen solle? So in dieser Ungewißheit hat das Kirchenregiment in der Konsistorial-Verfassung noch nie gestanden, und steht auch in der That heute noch nicht. So seinen festen und objektiven Standpunkt verkennen, wird und kann das Kirchenregiment nicht, am wenigsten in der Konsistorial-Verfassung, wo durch den Vorsitz weltlicher Staatsbeamten ein gesundes Gefühl, eine gereifte Erkenntniß vorauszusetzen ist für die consistenten und objektiven Elemente der Verfassung, die auch auf dem Gebiete der Staatsgewalt mit Nothwendigkeit festgehalten werden müssen. Sollten also die Versuche, die symbolischen Bücher aufzuheben als ein Verlangen vor das Kirchenregiment kommen, und sollte eine vom Kirchenregiment zugestandene (eine sonstige Zusammenberufung der Geistlichen kann nur den Verdacht erregen, als thue das Kirchenregiment selbst seine Schuldigkeit nicht mehr) Synode selbst mit einer prävalenten Stimmenmehrheit erklären: die symbolischen Bücher abzuschaffen dürfte das dringendste Bedürfniß für die Evangelischen sein, so wird das Kirchenregiment bald das Mittel finden, solches Verlangen auf sehr beschämende Weise für die Beantragenden zurückzuweisen, wenn es die Gemeinden mit dem Willen ihrer Geistlichen bekannt macht, und die Entscheidung in ihre Hand legt. Welche evangelische Gemeinde wird sagen, was geht uns die augsburgsche Konfession an, was kümmert uns der lutherische Katechismus? Unsere Geistlichen vertreten beide hinlänglich durch ihre gelehrte Bildung. Wir haben auch schon längst gehört, daß größere Männer wie Luther und Kalvin, die heilige Schrift erklärt haben, wir wollen und wünschen auch, daß das neue Licht der Aufklärung uns erleuchte und erwärme. Nein, das sagen unsere Gemeinden nicht; das sagt auch die Gemeinde noch nicht, die schon seit einem Sekulum rationalistische Prediger gehabt hat. Wenn ihr Sinn so weit erregt wird, daß sie sich über eine Kirche mit oder ohne Bekenntniß entscheiden und erklären sollen, so entscheiden sie sich für die orthodoxe Kirche mit dem Bekenntniß. So schwer würde es der schlechten Aufklärung fallen, das noch gesunde Herz des Volkes für sich zu gewinnen!

Den Glauben aber kann keine menschliche Klugheit begreifen, und muß allein vom heiligen Geist gelehrt werden. Luther.

II.

Die Symbole sind ein Hinderniß für die freie Entwickelung der theologischen Wissenschaft, und die Verpflichtung auf sie beängstigt die Gewissen.

Mit Widerlegung dieser Ansicht begeben wir uns auf ein Gebiet, wo die Feinde der orthodoxen Kirche ihres Sieges gewiß sind, und wo sie auch nicht um einen Schritt aus den Reihen ihrer einmal getroffenen Schlachtordnung zurücktreten werden. Auf diesem Gebiete, nicht im Centrum der Kirche, welches sie längst verlassen haben, ist ihr eigentlicher Sammelplatz; hier durchmustern die theologischen Heerführer ihre Haufen die sie gewonnen; hier paradieren sie vor Troß und Buben in glänzender Rüstung mit blank gezogenen Waffen. Wenn nach dem von ihnen wohl verstandenen Gesetze, die Aufklärung nur einen sehr langsamen Gang nehmen kann, und nur durch die unendlichen Mittelstufen der Akkommodation, und durch eine Schlangen-Klugheit, die dummen Vorurtheile des Volks können zertrümmert, und mit inden Aschenhaufen ihrer Geschichte geworfen werden, so dürfen wir allerdings erwarten, daß diese Wissenschaftlichen uns noch manches aus den Bekenntnissen für die Gemeinden anjetzo zugestehen, ja daß sie auf dem Gebiete des Kultus uns orthodoxen Lehrern einen weiten Spielraum ihres Gebrauchs belassen werden. Aber in ihrem eigentlichen Kreise als wissenschaftliche Gemeinde werden sie ganz andere Rechte der Freiheit uns gegenüber sich vindiciren, und uns bald ernstlich zu verstehen geben, daß wir Anhänger am Alten und Verbrauchten, nicht die Spur von Wissenschaftlichkeit mehr an uns tragen. Sie werden uns in ihren Mittelstufen verbrauchen, aber zu ihrer wissenschaftlichen Gemeinde uns durchaus nicht rechnen. Und dafür sind wir diesen Leuten von heute den schönsten Dank schuldig. Denn es würde unsrer geistlichen Wirksamkeit nicht zur Ehre gereichen, wenn wir unsere von Gott uns zugemessene Zeit unsern amtlichen Arbeiten entzögen, und mit dem Plunder ihrer Schriften uns beschäftigten, die für kirchliche Entwickelung durchaus keinen Werth haben. Dankbar wollen wir es anerkennen, daß sie uns ausschließen aus ihrer Gemeinde, denn unsre theologische und philosophische Wissenschaft kann mit ihrer auch nicht einen nur entferntern Grund der Gemeinschaftlichkeit haben.

Es kann auch gar nicht unsere Absicht sein, obwohl uns das Zeug und der nöthige Muth dazu nicht fehlen würde, in dem bescheidenen Kreise unsers Wirkens, diesem theologischen Publikum die Lebensfrage von der

Einheit der Religion und Wissenschaft einmal näher vor die Augen, auf welchen sie auch ihre Brillen haben, zu rücken, und ihren Blick einmal auf das Inwendige der Sache zu richten, was sie ernstlich noch nicht gethan haben. Nein wir wollen bescheiden sein und sagen, gegen die unendlichen Fortschritte dieser Gemeinde stehen wir zurück; der Reichthum grade ihrer Meinungen beglückt uns nicht; dieses süße Lebensgefühl fehlt uns. Aber auf eins müssen wir diese Wissenschaftlichen hinweisen, um dem Zweck unsers Vorhabens näher zu treten. Die theologische Wissenschaft nimmt ein nothwendiges Verhältniß zur Kirche an; was man in unsern Tagen richtiger so ausdrücken kann, sie kann sich ohne Kirche und ihre Grundlagen nicht zur wahren theologischen Wissenschaft gestalten. Den erstern Satz werden sie zugeben; denn auch sie behaupten ein Verhältniß der Wissenschaft zur Kirche, nämlich dieses, letztere durch die Wissenschaft aus der Minorennität zu erlösen. Den letztern Satz werden sie läugnen, denn nicht die Kirche werden sie sagen, macht die Wissenschaft, sondern vielmehr die Wissenschaft macht erst wahrhaft die Kirche. Wir aber behaupten schnurstracks ihnen entgegen, ohne die Kirche ist die theologische Wissenschaft Null, in der Kirche aber ist ihr Inhalt ein Inhalt der größten Lebendigkeit, der sich mit Nothwendigkeit zur Wissenschaft zu gestalten hat. Wir berufen uns auf Auctoritäten, denn wir sind die Auctoritätsmänner. Es ist bekannt, daß Schleiermacher, der große Lehrer, wie ihn der wackere und fromme Neander nennt, den rechten Lebenspunkt für alle theologischen Wissenschaften darin gefunden hat, daß er sie als organische Theile sämmtlich im Interesse an der Kirche wurzeln läßt. Was ist das für ein Ding, das Interesse an der Kirche? Das will ich euch nicht sagen, denn ihr würdet ein Hohngelächter darüber aufschlagen, wenn es auf orthodoxe Weise ausfiele, und ausfallen müßte. Aber das mögt ihr euch merken von einem, der Schleiermachern kennt, und in den innigsten Banden wissenschaftlicher Verwandschaft mit ihm gestanden hat, daß es nicht das Interesse an der Kirche ist, sofern sie erst wird, sondern auch immer schon sofern sie geworden ist, und sofern sie in ihrem Gewordensein das Princip ihres Werdens in sich trägt. Das Interesse an der Kirche ist dieses eigenthümliche Sein, in der Kirche zu sein. Doch genug. Ihr wißt ferner, daß die dogmatische Wissenschaft der neusten Zeit, große und gewichtige Epochen durchlaufen. Und das ist ganz folgerichtig der Gang, den sie nehmen muß. Denn durch alle Systeme der Philosophie muß sie hindurch, um in immer neuen Formen und Gestaltungsweisen ihr Leben zu bewähren, ihren Zweck zu erreichen, alle menschlichen Gedankengebilde zu durchdringen. Habt ihr noch nicht über die beiden großen Principien nachgedacht, in welchen sie in jüngster Zeit sich herausgestellt hat? Warum schließt Schleiermacher seine religiöse Gefühlssubstanz, über welche er die dogmatische Wissenschaft sich nur reflektirend verhalten läßt, an den Vortrag der Symbole an, warum verhält er sich durchweg so ernst und objektiv in seiner Kritik über sie? Antwort. Weil er erkannt hat was sie der Kirche sind, weil er Historiker im wahren Sinne des Wortes ist. Darum geht hin zu diesem

Meister noch einmal in die Schule, und lernt vorerst ahnden, was geschichtliche Behandlung ist auch in Form des Systems; geht hin zu ihm, werdet noch einmal auf tiefere und gründlichere Weise aner, und eignet euch doch nur ein klein wenig von dem kirchlichen Sinne an, durch welchen jener Lehrer Epoche machend in der Theologie geworden ist! Ihr kennt auch die andere Richtung von Hegel, und ihr nennt die Namen der Männer im Centrum, zur Rechten und Linken, die dieser Schule angehören. Habt ihr gethan die saure Arbeit, euren wissenschaftlichen Geist in die krystallnen aber kalten Gebilde dieses Systems zu versenken? Das werden euch eure Empfindungen nicht zugelassen haben. Die interessantesten Richtungen dieser Schule bilden Daub und Marheineke. Dieser Marheineke werdet ihr sagen, ein Hegelianer, ein Mensch voller Vorurtheile. Aber es lohnt sich ihn kennen zu lernen. Er ist einer der tiefsten Denker in der Theologie der Gegenwart. Er hat das Studium der Symbole durchgemacht, und ist vorgedrungen bis zu dem Höhenpunkte der theologischen Wissenschaft, das Dogma der Kirche in seiner ewigen Wahrheit, in die Gedankenform eines Systems hinüber zu führen. Er hat gezeigt, daß der absolute Begriff, die höchste Stufe subjektiver Gedankenbildung, das Dogma der Kirche nicht als etwas Veraltetes betrachtet, sondern vielmehr erst in seinem Inhalt seine wahre und wirkliche Verklärung feiert. Er hat die Substanz des Kirchenglaubens mit dem Element des Gedankens so zusammengeschlossen, und darin so in Fluß gebracht, daß in seiner dogmatischen Wissenschaft eine solche Einheit des Glaubens und

Wissens ruht, wie solche Wissenschaft für uns orthodoxe Stümper, doch einen ganz eigenthümlichen Reiz hat. Wenn ihr noch tausend Jahre rationell, moralisch, und ästhetisch aufklärt, so reicht ihr dieser Wissenschaft nicht das Wasser. Glaubt nur aber nicht, darum bitte ich euch, wenn der dogmatischen Wissenschaft eine neue Epoche bevorsteht, daß ihr sie machen werdet, oder schon gemacht habt. Ich warne euch. Denn das mögt ihr wissen, daß was die Dogmatik in der gegenwärtigen reflektirenden und speculativen Form nicht erreicht hat, nämlich, um es euch zu sagen, die Entfernung von jedem auch noch so verdünnten Begriff des Pantheismus, das wird sie nicht etwa erreichen durch euch, die ihr der Kirche jetzt die Symbole rauben wollt, sondern vielmehr nur dadurch, daß sie aufs neue und noch einmal und zwar in absoluter Tiefe und Glaubensinnigkeit in den Inhalt dieser Bekenntnisse sich versenkt, und dann in diesem Princip sich in den Schmuck kleidet, den die neuere Wissenschaft im lebendigen und reichhaltigen Wechsel der Formen ihr zubereitet hat. Ihr könnt also in Zukunft keinen Antheil mehr nehmen an der Entwickelung dieser Wissenschaft; was ihr sagt, müssen wir sofort als Ballast aus dem Schifflein werfen, in welchem sie sicher und ruhig über den Ocean menschlicher Bildung und Gestaltung dahin fährt. Der stützt sich auf Auctoritäten, werdet ihr sagen, das ist kein Mann der Freiheit; aber ich sage euch, ich bleibe beim Katechismus, in eure dogmatische Schule mag ich nun und nimmermehr gehen, und ihr wenigstens werdet für mich, nie eine Auctorität werden, für mich Auctoritätsmann κατ' ἐξοχην.

Soll ich nun vor euch noch sprechen darüber, wie auch die Kirchengeschichte, und die Weltgeschichte in nichts zusammensinken, und nach vorwärts und rückwärts sich völlig ausleeren, wenn ihr der Kirche dieses innerste und tiefste Element, in welchem Alles seine gediegenste und kräftigste Entwickelung hat, raubt; wenn ihr das Glied in ihrer organischen Kette zerbrecht, was grade an der Stelle, wo sie am meisten vom Drucke der Welt und von euch zu leiden hat, ihre geistig centralen Kräfte zusammen hält? Ihr freilich habt keinen Sinn für das Intensive der Kirchengeschichte, keinen Sinn für die unsichtbaren Glaubenssubstanzen ihrer Erscheinungen. Ihr müßt alles in eurer Theologie sehen und mit Händen greifen; oder ihre Gestaltungen müssen sich doch wenigstens euch so beleben, daß ihr sie in euren hochgebildeten Geschmack und Gefühlssinn mit Behaglichkeit und wonniger Empfindsamkeit aufnehmen könnt. Aber über Kirchengeschichte, und was sie grade in der Epoche ihrer Bekenntnisse für einen Entwickelungsgang genommen, und wie ihre gegenwärtigen Momente darin noch ganz begründet erscheinen, kein Wort mehr. Es liegt uns ohnehin ein Gebiet vor, auf das ihr schon gespannt seid, und mit Entzücken wartet, was hier das Symbol, nach der Ansicht eines Orthodoxen, für eine Aufgabe werde zu lösen haben.

Es ist das Gebiet der gelehrten Schriftauslegung, von der ihr noch die populäre unterscheidet. Ihr werdet sagen, auf diesem Gebiete kann sich nur das absolut freie Element, der forschende Gedanke geltend machen. In der Exegese liegt der Fortschritt aller Entwickelung. Sie ist die reiche Lebensquelle, aus welcher der auslegende Verstand, immer neue Schätze hervorlangt, und sie den übrigen theologischen Disciplinen mittheilt. Hier ruht der Fortschritt der Kirche, und wer so glücklich ist, eine neue Auslegungsweise ausfündig zu machen, oder einen neuen Kanon der Kritik aufzustellen, oder eine neue Hypothese für die Harmonie der evangelischen Schriften zu erfinden, der ist befugt alles zu zertrümmern, was sich seiner Weisheit als Vorurtheil noch entgegenstellt. Hier auf diesem Gebiet muß und kann sich jeder frei ergehen, und eine reinere Luft schöpfen als in den übrigen Wissenschaften, wo er sich doch genöthigt sieht in das düstre und öde Kirchengebäude einzutreten. Kommt aber der Schriftausleger mit seinem Symbol und vorgefaßten Glaubensdogma an die Bibel, so verdirbt er sich von vorn herein sein Geschäft, so ist aller Fortschritt gehemmt, so werden die Quellen sofort verstopft, aus welchen der Strom der menschlichen Aufklärung und Wissenschaft hervorquillt. Dann hebe man die Lehrstühle für protestantische Exegese auf, und lese die Schrift mit den Symbolen in der Hand, und man hat ohne Mühe und Kosten, was man will. Ja, und treten nicht die Bekenntnißschriften selbst dieser Ansicht von der freien Schriftforschung bei, haben sie sich nicht von allem traditionellen Boden frei gemacht, und das Recht der freisten Schriftforschung in Anspruch genommen? Ist nicht ihr höchstes Princip freie Rückkehr zur Schrift?

Wir wollen zuvor einmal mit aller Ruhe die Frage aufwerfen, wie wird denn der Schriftsinn gefunden? welches sind denn die wissenschaftlichen Vermittelungsformen, deren der Ausleger nothwendig bedarf, um den Geist der Schrift (der Geist ist ihr Sinn) aus dem Schriftwort zu eruiren? Wir lassen euch hierauf zunächst antworten. Ihr werdet sagen, für das Verständniß der Schrift ist nichts weiter nöthig, als das historisch grammatische Material, welches die Kunstform einer vernünftig auslegenden Thätigkeit, die in jedem Menschen schon als Naturanlage vorhanden ist, vermittelt, und die merkwürdige Erscheinung hervorbringt, daß das Schriftwort sich am richtigsten durch sich selbst erklärt, und womit auch sogleich der Kanon gewonnen ist, daß wenn irgend ein Inhalt des Schriftwortes sich dem vernünftig auslegenden Elemente spröde entgegensetzte, dieses sogleich nach andern Waffen der Kritik sich umsehen mag, um jenes spröde Element zu bändigen, in Fesseln zu legen, und aus dem Wege zu schaffen; denn was von der Schrift, gegen das vernünftig auslegende Element sich im Widerspruch geltend macht, ist nicht Schriftinhalt, sondern hat sich in die Schrift als menschlicher Irrthum, meistens in einem noch nicht geübten Urtheil ihrer Verfasser eingeschlichen, und muß als solches frei abgewiesen werden, weil Gott nicht zwei ungleichartige göttliche Principe, das eine in die Schrift, das andere in den Menschenkopf gelegt haben kann, die doch nur für einander sein können. Das ist der Auslegungsgrundsatz der Rationalisten, der bei Strauß so schlecht weg kommt, und der doch diesen Grundsatz auch befolgt, nur statt in der zweiten Potenz, vielmehr in der dritten, Feuerbach schon in der vierten, bald einer in der fünften Potenz. Der Grundsatz unterliegt daher mannigfaltigen

Modificationen, je nachdem man sich das vernünftige auslegende Element denkt. Hat dieses noch Respekt vor dem religiösen Element, so treten bedeutende Milderungen ein. Ich hörte zum Beispiel im ersten Stadium meiner theologischen Bildung sehr fleißig Exegese bei einem der tüchtigsten Schrifterklärer, der, wie man sagt und schreibt, Rationalist ist. In seiner Exegese aber fand ich sehr interessante Elemente. Ein heiliger Ernst, ein tiefes Gefühl für religiöse Wahrheit, was zum Beispiel vor dem objektiven Inhalt der Wunder scheu zurücktrat, sie nicht wagte anzutasten, zog sich durch seine ganze Erklärungsweise der Schrift. Das Material des historischen Elements, die kritisch hermeneutischen Kunstregeln, die dabei in Anwendung gebracht wurden, zeigten einen hohen Grad von historischer Anschauung und plastischer Gestaltungsweise, und noch heute entlehne ich mir von diesen Materialen am liebsten, was ich davon zum Schriftverständniß nöthig habe. Gerieth das Kirchendogma bei dieser Auslegung hier und da in schneidenden Kontrast, so waren in derselben doch so eigenthümliche Entwickelungsmomente, solche Vorstufen einer höheren einheitlichen Anschauung, daß es wünschenswerth erscheint für die Kirche, daß diese Exegese, welche die individuellen Momente der Schrift besonders hervorzuheben sich bemüht, möge fortgesetzt werden bis zu jener erhabnen göttlichen Einheit, von der man dann um so mehr wird sagen können, daß in ihr alles Individuelle getragen und durchdrungen wird, von dem göttlichen Geist. Allen Respekt vor einer solchen Auslegung. Sie gehört der protestantischen Kirche und ihrer Wissenschaft an. Doch wir können von solchen, der Kirche nothwendigen Modicfiationen der Schrifterklärung nicht länger sprechen, mein Wort ist überhaupt nicht gegen rationelle Theologie gerichtet. Mein Wort ist gegen diejenigen gerichtet, die als Theologen nur in einer Bildung, die der Kirche fremd ist, sich reflektirend verhalten, die in ihrem ästhetischen Dünkel gar keiner Richtung mehr angehören, und sich auf die Spitze ihres Egoismus stellend immer nur rufen: ich bin Brahm. Gegen diejenigen ist mein Wort gerichtet, die an der alten Kirche sich gern einen Namen machen wollen, dadurch, daß sie ihr historisches Fundament ihr zu entreißen, und sie allgemach in die Hoffnungen eines neu erwachenden jugendlichen Geistes hinüberzuführen gedenken. Gegen diese Herrn von heute, die den Gemeinden ihr kirchliches Eigenthum plündern wollen, muß jeder, welcher Richtung in der Theologie er auch angehöre, wacker das Schwerdt führen. Der Rationalist, der Pietist, der Spekulative, sie werden mit wenigen Ausnahmen den Orthodoxen beistimmen, und sprechen: ein Bekenntniß muß die Kirche haben, sonst hört sie auf Kirche zu sein. Sie werden in der Kirche Jesu alle als Brüder sich betrachten und begegnen können, geschirmt und geschützt von einem Kirchenregiment, was diese Verschiedenheit bestimmter Richtungen nicht absolut aufheben will. Aber die sentimentalen ästhetischen Theologen, die ihr Herz nur voller Empfindungen haben, für den jugendlichen Geist, der seine Existenz in der Geschichte nicht nachzuweisen im Stande ist, die Theologen, welche es wagen auszusprechen das Wort, hinweg mit dem Symbol, ich bin weder lutherisch noch calvinisch, müssen sich ernstlich an Pflicht und Verpflichtung erinnern, ob sie einer Kirche noch länger angehören können, die ihr historisches Fundament, das Centrum all ihrer Bewegungen noch in ihren Bekenntnißschriften hat.

Doch nach dieser Episode ist es Zeit, den Faden wieder aufzunehmen, den wir auf einige Minuten fallen gelassen, wie es in Schriften gestattet sein muß, welche polemisch gegen eine krankhafte Richtung, aber nie polemisch gegen Personen sind. Wir hatten drei bekannte Größen gefunden, die zur Auslegung des Schriftsinns erforderlich waren. Das Schriftwort selbst, das historische Material und das vernünftig auslegende Element. Von dem historischen Material wird zugestanden, daß es für jede gelehrte Schriftforschung ein unentbehrliches Element ist, und nie genug das Gebiet desselben zum Segen der Kirche sich erweitern kann. Aber nun das vernünftig auslegende Element, gleichsam das Princip, in welchem alles erst lebendig wird, bringt das durch die Schale des Schriftworts bis zum Kern hindurch? Ja, antworten die einen, nein die andern. Wir antworten auch nein, werfen dieses Element aber nicht weg, sondern ehren es, nehmen es auch ganz in Anspruch. Das Schriftwort, auch wenn es nach jenem historischen Material, und durch diese vernünftige Auslegung der antiken Hülle, in der es seinen Sinn uns noch verbirgt, entkleidet und richtig abgewogen worden ist mit dem vernünftig auslegenden Element, läßt doch etwas zurück, was wir noch nicht erkannt, und das gerade ist der Kern des Wortes, um den noch eine undurchsichtige Haut sich schließt, auch wenn die Schale bereits durchgebrochen und der Kern also geöffnet vor uns da liegt. Es ist etwas in dem Schriftworte, in diesem Kern, was auch in uns ein Kern sein muß, damit wir und dieser göttliche Lebenskern für einander sein können. Das vernünftige Element, sprecht ihr, das wird die letzte Haut, die den Kern noch umschließt, mit dem Messer der Kritik schon lüften. Nein, wartet! Der Kern der Schrift ist das Göttlichste, und unsere Vernunft ist auch von Gott, aber sie hat sich durch die Sünde in einen Abstand von Gott begeben. Das ist das Hinderniß, warum sie in der alten Welt in das Wort Gottes, welches auch in der Natur ausgeprägt erscheint, nicht hat eindringen, die Schale der Natur nicht hat durchbrechen, nicht hat vorschreiten können zu der Erkenntniß des einen lebendigen Gottes, sondern vielmehr geblieben ist im Schatten des Todes. Das Schriftwort ist ein gewordenes objektiv Göttliches, es kann nur, wie Gleiches in Gleiches übergeht, und Feuer und Wasser sich nicht mischen, in das Gleiche des Göttlichen übergehen. Das göttliche Lebensprincip in dem Menschen, der lebendige Hauch seiner ganzen Geistigkeit, ist der heilige Gottes-Geist, der alles Menschliche, ehe es ein Göttliches werden kann, folglich auch das vernünftig auslegende Element, denn wie könnte dies eine Ausnahme machen, in das Bereich seines Lebens verklärt und zu lebendigen Organen seiner Gestaltungen verbraucht. In diesem Sinne sagt schon einer eurer Dichter: es giebt nur wenige Seelen, die wissen, wie sehr das ganze All nur eine Aeolsharfe ist, mit längern oder kürzern Saiten, mit langsameren oder schnelleren Bebungen — vor einem göttlichen Hauche ruhend. Hat das der Humanist geahndet, so hat es der Christ historisch real empfangen. So erst verklärt in uns durch diesen Gottesgeist, oder mit Jean Paul zu reden, vor diesem göttlichen Hauche ruhend, feiert das vernünftig auslegende Element seine Wiedergeburt, und bringt nun ein menschliches Organ, aber des göttlichen Geistes, und beseelt durch ihn, in den Kern der Schrift, nämlich in ihren göttlichen Inhalt ein, das ist der tiefste Moment aller Schriftauslegung, in welchem das Göttliche zum Göttlichen durch das Menschliche kommt, so daß das Menschliche und Göttliche sich gegenseitig anziehen, und nun, was sonst eine abstrakte Drei war, ein lebendiges Princip des Göttlichen im Menschlichen und durch das Menschliche (das historische Material gehört zum Menschlichen, nur als gewordenes) wird, was sich nun vielgestaltig durch das Göttliche in der Schrift auseinanderbreitet zu dem Leben in Gott durch Jesum Christum, von welchem die Schrift durchweg zeugt. So dringt die Schrift in die Tiefen des menschlichen Gemüths und wird eine Kraft, selig zu machen alle die im Geiste Gottes an diesen Inhalt glauben und seine Kraft erfahren haben. Wo bleibt das Symbol, werdet ihr sagen? Seid ihr nicht im Stande, den Schluß auch zu vermitteln, daß das Symbol in solchem heiligen Moment eine mitwirkende Kraft hat? Der heilige Gottesgeist ist nicht ein Geist des Zufalls oder der Unordnung, wie etwa jede fromme Ekstase ihn zu haben meint, sondern der heilige Geist erweist sich in jedem Einzelnen zugleich als der Geist der Gemeinde, als der heilige Geist der Kirche, in welcher er sein Werk der Erleuchtung unausgesetzt fortgesetzt hat und noch fortsetzt, nämlich das große Werk, das göttliche Lebensprincip, den Glauben, durch das im Fleisch erschienene und im Buchstaben bezeugte Wort der Menschheit in allen individuellen Formen und Bildungsstufen immer tiefer einzuprägen. Es ist der Geist, durch dessen lebensreiches Walten die Kirche durch alle Stufen und Gegensätze hindurchgegangen ist und noch hindurchgehen wird. Durch sein Walten in der Kirche ist die Schrift auch nicht mehr eine durchaus unbekannte Größe, ein x, was noch gar nicht gefunden, und mit welchem namentlich die gelehrte Exegese in ihren wunderlichen Gleichungen und Funktionen ihre algebraischen, differenzialen und integralen Experimente zu machen hätte; nein der Schriftinhalt, behaupten wir, ist eben so wesentlich schon ausgelegt, wie er auch noch immer ausgelegt wird. Ausgelegt ist er, weil eine Gemeinde der Heiligen da ist, deren Lebenscentrum in allen historischen Formen ihres wirklichen Daseins er bildet; ausgelegt wird er nach der Bildungsstufe des Natürlichen, was der heilige Geist, durch sein Organ der Schrift, in sein Bereich noch aufnehmen soll. Die Schrift in ihrem Inhalt ist die wesentliche religiöse Lebenssubstanz der Gemeinde, als solche ist sie in ihren Hauptgrundzügen derselben ausgelegt und gegenwärtig im Lehrinhalt ihrer Bekenntnisse, und Gott hat seine Gemeinde nicht betrogen in den Reformatoren, die von gleich religiösem und wissenschaftlichem Geist durchdrungen, die wahre substanzielle Epoche aller wahren Schriftauslegung begründeten. Dieses allgemeine substanzielle Verständniß der Schrift muß der Theologe haben, will er im evangelischen Sinne die Gemeinde weiter erbauen auf den Grund der Schrift. Dieses Verständniß der heiligen Schrift muß aber auch der gelehrte Theologe haben, denn sonst reißt er die Exegese vom Faden ihrer Entwickelung los. Hat er es nicht, so sammelt er höchstens nur Materialien, so arbeitet er nur am menschlichen Theile der Schrift, mit dem kirchlichen Interesse hat seine Exegese keinen Zusammenhang. Dieses Verständniß hindert aber nicht, daß eine fortgesetzte Schriftforschung das Ziel der exegetischen Theologie sei. Vielmehr da der Schriftinhalt alle neu sich gestaltenden Formen im Gebiete des Gedankens zu durchdringen und zu beleben hat, so bleibt hier für die gelehrte Forschung ein unermeßlicher Spielraum gelassen, und die Kirche Jesu zieht davon ihren Vortheil und Nutzen. Ja selbst Erscheinungen auf dem Gebiet der gelehrten Schriftforschung, die nicht blos außerhalb der Kirche, vielmehr der Kirche direkt entgegenstehen, wie z. B. die Auffassungsweise der Schrift von Strauß, können ihr nur momentan schaden; aber im Gesammtorganismus der Kirche bringen solche Erscheinungen wie heftige Symptome einer Krankheit nur die Krisis hervor, nach welcher irgend eine verkehrte Richtung auf die Spitze getrieben in sich selbst in Ohnmacht zusammensinkt, und die kirchliche Intelligenz daraus den Vortheil zieht, daß sie ein unwahres und krankhaftes Element, weil auf seiner Spitze, auch für immer von sich abgestoßen hat.

Was heißt das also, wenn der Theologe mit seinem abstrakt vernünftig auslegenden Element an die Schrift kommt, und vorher ernstlich darauf ausgeht, alles abzulegen, und namentlich auch zu vergessen, daß er Christ ist, daß er einer bestimmten Kirchengemeinschaft angehört, damit er ja nicht eine vorgefaßte Meinung, ein Lieblingsdogma mitbringe — was heißt das anders — als er muß sich als ein lebendiges Wesen aufgeben, seine Gedanken, auch seine ästhetischen Gefühle, die ganze Bildungsstufe seines bisherigen Lebens ablegen können? So in purer Nacktheit und Blöße bis auf jenes abstrakt vernünftige Element, ein undenkbares a priori, muß er an die Schrift kommen. Das kann er nicht, das glauben wir ihm nicht. Das sogenannte Abstrahiren kann man in dieser Beziehung höchstens so weit bringen, wie Kant es gebracht hat mit seinen reinen Verstandeskategorien, die aber, wenn man sie nur gedacht, sich sogleich mit Inhalt erfüllen. In das Erklären der Schrift nach dieser Methode schleppt sich gerade in dem vernünftigen Element eine ganze Wulst von traditionellen und herkömmlichen Begriffen, der ganze schlechte Inhalt der modernen Bildung sammt allem, was ihr anhängt; und die so abstrakte Seele gleicht einem mit Lumpen vollgestopften Instrument, auf welchem jeder Ton sogleich erstickt, weil die innern seelenhaften Schwingungen fehlen, die ihn zu empfangen und fortzupflanzen im Stande sind. Wenn der Exeget vom kirchlichen Standpunkt, der einen metallreich gediegenen Inhalt in sich trägt, an welchem sich die Schwingungen des göttlichen Wortes melodisch von Seele zu Seele fortpflanzen, und darin eine Harmonie des göttlichen Lebens bilden, sich völlig losgewunden hat, um die Schrift unbefangen zu erklären, so sehet nur zu, auf welchem Boden er steht. Er steht in irgend einer Richtung des Weltgeistes, welche Richtung mit Recht man Zeitgeist nennt. Diese spiegelt sich in seiner Seele wieder. Nicht findet ihr darin den wahren und göttlichen Inhalt der Schrift. Er wendet dabei freilich allen ihm zu Gebote stehenden Scharfsinn an, er bringt die kirchliche Substanz der Schrift hier und da ins Gedränge unter den Angriffen seines Scharfsinns und den Bollwerken seiner Bildungsstufe des Zeitgeistes; aber kein Jota geht deswegen von der Schrift verloren; sie bleibt die diamantne Mauer, die ihren göttlichen Lichtglanz ganz geschlossen in sich behält, sobald die also abstrakte Seele in dem dunklen Vordergrunde ihrer Aufklärung das Licht ihr zu entlocken gedenkt; in die Seele aber ergießt sie auch ganz den Lichtglanz ihres Lebens, die in dem göttlichen Gnadenlicht, welches der heilige Gottesgeist ist, und in seiner Gemeinde sich ihr naht; in ihr ist die Seele nicht mehr in einen Vordergrund gestellt, der als absolutes Dunkel auch absolut unfähig ist, den göttlichen Lichtglanz der Schrift aufzunehmen, sondern das Dunkle dieses Vordergrundes sind nur die Schatten, welche von jenem heiligen Lichtglanz der Schrift umflossen, den Schmelz der Farben bilden, die zum Gemälde des göttlichen Lebens und seinem seligen Genuß sich zusammen geschlossen haben Daher die Erscheinung, über die ihr schon gewiß euch gewundert habt, daß die entgegengesetzten Meinungen sich auf sie wie auf ihren Grund zu stützen wagen dürfen. Die Bibel läßt es zu, daß folgerichtig von dem abstrakten Verstande aus ihr bewiesen werde, daß der Mensch von Natur absolut vollkommen und gut sei, und sie läßt es zu, daß auf ihren Grund der Sündenfall als das wohlthätige Ende einer Unschuld angesehen werden darf, in welcher der Mensch so niedrig stand, wie das Thier, wie Hegel denkt, der bekanntlich auf höchst merkwürdige Weise sich das Wort erklärt, was Gott, nachdem Adam vom Baum des Erkenntnisses gegessen, spricht, das Wort: Adam ist geworden wie unser einer.

Wenn nun von uns behauptet wird, auch der gelehrte Exeget versirt als solcher in der Kirchengemeinschaft, er ist in ihre geistigen Interessen mit verflochten, er ist von ihren Grundsätzen, als den gewichtvollsten Entwickelungspunkten der Bibelauslegung, gedrungen; er betrachtet die Symbole nicht blos nach dem formalen Princip, daß sie jedem den Rückweg zur Schrift vergönnen, sondern er erkennt in ihnen auch, daß sie diesem Wege die Bahn selbst gebrochen und den freien Rückgang zur Schrift kirchlich erst möglich gemacht haben; wenn wir behaupten, daß in diesen Schriften der Geist Gottes seine auslegende Kraft vorzugsweise kund gethan, und daß in dieser Epoche der allerlebendigsten Rückkehr zur Schrift die Grundzüge gewonnen worden sind, welche die evangelische Kirche zu einer eigenthümlichen Gestaltung der katholischen gegenüber erhebt; wenn wir behaupten, daß in diesen festen Grundzügen nun die Schriftauslegung in der Erleuchtung des in der Kirche walltenden Gottesgeistes sich fortsetzt, und zur allseitigsten Belebung den Schriftinhalt in das Leben des Gedankens überführt; sind, so fragen wir, das unsinnige Gedanken? Alle Freiheit besteht in der lebensfrischen Gestaltung des Individuellen, aber ein Allgemeines, welchem das göttliche Lebensprincip schon eingeprägt ist zur organischen Gestaltung, muß allem Individuellen zum Grunde liegen, sonst verkehrt sich die Freiheit in Willkühr, und die individuell göttliche Gestaltung sinkt zur Ohnmacht wilder und grausenerregender Zerrbilder des Lebens herab.

Wenn nun die Auslegung nach diesem göttlichen Princip eine geschichtlich vermittelte mitten im Centrum der Gemeinde sein soll, wenn die Bekenntnißschriften darin eine reale Wirklichkeit für alle Zukunft haben, so hat man also in der evangelischen Kirche den Begriff der Tradition. Man kann hierauf unbedingt mit ja antworten, wenn man diesen Begriff auch nur von einer möglichen Annäherung an das katholische Princip frei erhält. Versteht man unter der Tradition diejenige geschichtliche Gestaltung des Reiches Gottes auf Erden, welche in allen großartigen Epochen seiner sichtbaren Erscheinung das religiöse Bewußtsein in seinen innersten Momenten neu belebt, und darin zugleich als Grund und Basis seiner folgenden Entwickelung sich ausgewiesen hat, so wird niemand sich weigern auch in der evangelischen Kirche von einer Ueberlieferung zu sprechen. Denn auch in ihr geschieht nichts sprungweise, und kein wahres Entwickelungselement in ihrem Verlauf kann sie entbehren, und selbst ihr Entstehen kann sie nothwendig in einer Reihe von Momenten nachweisen, die ihr geschichtliches Realwerden noch im Schooße der katholischen

Kirche aufs deutlichste bekunden. In der evangelischen Kirche ist der Moment ein innerlicher, in welchem Vergangenheit und Gegenwart zur Einheit sich verbinden und in einander übergehen zur freien und doch ebenso nothwendigen Gestaltung des Lebens; und auf diesem innern Akt unausgesetzt geistiger Verbindung vorhandener und sich entwickelnder Elemente, beruht ihr Begriff des Traditionellen, wenn wir anders dafür den Namen des Geschichtlichen nicht lieber gebrauchen wollen. Das ist der große Unterschied, in welchem wir zu dem katholischen Begriff der Tradition uns befinden. In ihrer Tradition macht sich nur das Moment des rein Aeußerlichen geltend, denn was bei ihnen aus der Vergangenheit als religiöses Bildungselement betrachtet wird, lebt nicht zugleich als ein Inneres und Freies im Herzen des Volkes, sondern es existirt nur als ein Freies in der ganz äußerlichen Weise und Macht derer, welche die Kirche regieren und die Kirche sind, und als ein starres und nothwendiges nur in denen so fern sie zur Kirche gehören, aber auf freie und innerliche Weise sich in ihr nicht zu verhalten haben. Der absolute Klerus, und das bloß massenhafte Volk, die nur in inhaltsloser hierarchischer Verknüpfung, nicht durch das Band allgemein freier subjektiver Entwickelung für einander sind, das bildet die Kluft in ihr, die nur eine ganz äußerliche gewaltthuende Tradition auszufüllen vermag.

Weil die Wissenschaft, um auf den Punkt der Verpflichtung zu kommen, nach dem Gutdünken der absoluten Freiheitsmänner, auch absolut frei sein soll, und weil in dieser Freiheit die theologische Wissenschaft zu Resultaten gelangt ist, die dem Glauben der Kirchengemeinschaft nicht mehr adäquat sind, so erscheint ganz folgerichtig die Verpflichtung auf die symbolischen Bücher als eine Beängstigung der Gewissen, und führt zum verderblichen Scheinwesen der Heuchelei und der Unredlichkeit. Ebenso folgerichtig ist aber auch das Kirchenregiment verfahren, und verfährt noch so, es verpflichtet die Diener in der Kirche auf die heilige Schrift, und um diese nicht jeder willkührlichen Deutung Preis zu geben, auf die symbolischen Bücher, welche der Grund ihres in der Kirche allgemein gewordenen Verständnisses sind und bleiben werden. Das Kirchenregiment will nicht eine willkührliche und unreife, dem Glaubensbewußtsein der Gemeinde widersprechende, ihren bereits gewonnenen Glauben zerstörende Schriftauslegung, in die Kirche sich einschleichen lassen. Es will, und es ist seine heiligste Pflicht es zu wollen, daß die Einheit der Kirchengemeinschaft in ihren Organen, welche die Gemeinden sind, nicht perturbirt, oder in offenbaren Unglauben verführt werde. Es will, und es ist christliche Weisheit es zu wollen, daß das durch die Reformation errungene glaubensreiche Leben der Gemeinde, auf welchem alle Grundlagen der Kirche und des Staates noch gegenwärtig ruhen, gegen eine Aufklärung oder besser Ausleerung, die aus dem ächten reformatorischen Lebensprincip nicht hervorgegangen ist, nach allen Richtungen hin aufrecht erhalten werde. Die Forderung der absoluten Freiheit ist freilich reizender; in ihr kann der Weltsinn neben dem Glauben sich sehr wohl geltend machen, und der Theologe, der sich nicht erst mit dem Symbole seiner

Kirche befassen darf, nicht erst diesen geschichtlichen Gang zu machen, in diese Bewegung des innern und substanziellen kirchlichen Lebens in viel Mühe und Arbeit einzugehen hat; der Theologe der nichts bedarf als seine wenigen hermeneutischen Regeln, und eine gesünde Vernunft, in welcher die nöthigen Normalbegriffe schon stecken, und der wenn er sich zu den geistreichen Theologen rechnen will, noch des ästhetischen Schmuckes bedarf, durch welchen er den also erforschten Inhalt in seine schönen Empfindungen hineinlegt, und darin nun rührend vor der Gemeinde auftritt, kann im Ganzen genommen in sehr kurzer Zeit, und ohne mit Ernst nur ein theologisches Kollegium zu hören, mit dem Vorstudium zum geistlichen Pfarramt fertig werden. Er darf sich ja anbei nur dem Zeitgeist hingeben, von ihm sich bewegen lassen, und er wird moralisch, ästhetisch, sentimental genugsam angeregt werden, um auch Theologe sein zu können. Aber mit dem Kirchendogma sich auch nur einzulassen, welches die Heiligung erst aus der Erlösung hervorkommen läßt, und durch den schweren Weg der Buße zur Gnade Gottes hinüberführt, das ist ein schweres, einem freien Theologen unwürdiges Geschäft. Das Dogma geschichtlich in ganz äußerlicher Gestalt kennen zu lernen, das ist es, was den Theologen der absoluten Freiheit noch interessirt, nicht um Gewinn für sein Amt daraus zu ziehen, sondern vielmehr um seiner Kritik doch einen Grund und Boden zu verschaffen, auf welchem er sich das Vergnügen schaffen kann, rückwärts zu blicken, und an dem Gewirr dogmatischer Kämpfe sich zu ergötzen, und pikant darüber gelegentlich sich äußern zu können. Daher wir auch gar nicht zweifeln wollen, daß ein großer Theil der Theologen sich freuen würde, wenn die Verpflichtung auf die Symbole aufhörte. In der preußischen Landeskirche steht so etwas nicht zu befürchten. In ihr ist das protestantische Element kirchlicher Besinnung noch ganz vorhanden, in dem religiösen Volksleben stellt es sich auf die erfreulichste Weise heraus. Was würde der evangelischen Kirche daraus für ein Unheil erwachsen? Und aus welchem Gesichtspunkte betrachtet die orthodoxe Kirche die Verpflichtung auf die Symbole? Diese Fragen sind noch in aller Kürze zu beantworten, und dann eilen wir hinüber auf das dritte Feld unsrer Betrachtung. Beantworten wir sie unbefangen, aber vom kirchlichen Standpunkt aus, und inmitten der Kirchengemeinschaft, denn von dieser Befangenheit, wir schämen uns nicht es auszusprechen, können wir uns einmal nicht losmachen. In solchem Abstrahiren haben wir keine Force. Wir setzen, die Bekenntnißschriften der evangelischen Kirche würden annullirt. Das wäre ein Akt, welcher die wichtigsten Erscheinungen auf dem Gebiet des kirchlichen Lebens hervorbringen würde. Was bisher nicht geschehen, daß die kirchlich Gesinnten und die nicht kirchlich Gesinnten, dennoch in ein und demselben Verbande kirchlicher Gemeinschaft geblieben sind, jene auf wahrhaft innerliche Weise als Gemeinde der Gläubigen im Reiche des Herrn sich darstellend, diese freilich nur auf äußerliche Weise, aber doch in der Art, daß die Gläubigen im Verbande der kirchlichen Gemeinschaft mit ihnen, die Hoffnung bewahrten, daß die aus dem wahrhaft kirchlichen Sinn hervorgehende ächt wissenschaftliche Theologie werde die Elemente des unkirchlichen Sinns und der aus ihm hervorgehenden unwahren Wissenschaft besiegen, so daß die eine evangelische Kirche sich werde erhalten, wohl durch Kampf in ihr selbst, aber nicht durch Spaltung, in welcher die unwahren Elemente sich völlig verknöchern. Dieses Nebeneinandersein, worin sich die christliche Liebe auf unendlich vielen Punkten zu vermitteln Gelegenheit nimmt, und wodurch manches köstliche Gut der Kirche zugeführt wird, würde alsdann aufhören. Was schadet es, rufen vielleicht viele der Orthodoxen, dann sind wir die Reinen; aber ich rufe euch in der Liebe Jesu zu, fahret nicht zu hoch, schreitet nicht über die Grenzen christlicher Demüthigung vor Gott hinaus; das Verknüpfen entgegengesetzter Elemente, das Hineinbilden der Weltsubstanz in das Gottesreich, ist Aufgabe des Herrn, ist das kämpfende Gesetz der Kirche, die noch nicht die triumphirende in uns, auch noch lange nicht sein kann; das Trennen und Absondern, und gänzliche Ausscheiden solcher Elemente, die wenn sie keine evangelischen sind, es doch werden können, ist ein die Kirche gefährdendes, von ihr fern zu haltendes donatistisches Element. In allen dergleichen Elementen, die in dieser Zeit confessioneller Zerwürfnisse zum Vorschein kommen, verbirgt sich immer ein geistlicher Hochmuth, den wir im Reiche Gottes durchaus nicht dulden können. Aber wird die freie Gemeinde diese Trennung nicht wünschen? sind wir ihr in unserm orthodoxen Glauben, nicht immer schon ein Anstoß gewesen? kann sie sich denn nicht ganz frei und ungehindert, allen Zeitrichtungen, allen Lieblingsidealen in die Arme werfen? Ich wollte euch Gründe angeben, warum auch sie es nicht wünschen wird, äußerliche und innerliche. Der Raum verstattet es nicht. Das aber bleibt gewiß, mit dem Unterschiede einer confessionellen und nicht confessionellen. Kirche, würde ein ungeheurer Bruch in der Kirche geschehen, dessen Folgen zu berechnen, in keines Menschen Gewalt steht. Wollen das diejenigen nicht einsehen, die auf Annullirung der Symbole ausgehen? Halten sie in der That die evangelische Kirche in ihrem confessionellen Charakter, für ein so ohnmächtiges Wesen, daß es mit einem Stoß nur darniedergestoßen werden kann? Darin möchten sich die Unconfessionellen gewaltig irren. Bei Einführung der Agende prüften unsere Gemeinden auch, und da sie das confessionelle Element darin reichlicher vorfanden, als sie bisher wahrgenommen, und da die Agende aus den Händen eines geliebten Landesvaters kam, dem sie etwas ihrem Bekenntniß zuwiderlaufendes durchaus nicht Grund hatten zuzutrauen, so fanden sie in der Annahme derselben nichts Ungeschicktes, oder ihrem Glauben Widersprechendes. Ja, in manchen Gemeinden, die schon lange kein kirchliches Altargebet mehr vernommen, war die Erscheinung der Agende eine Wohlthat. Wenn man aber den Gemeinden nun sagen wollte, ihr empfanget sofort Geistliche, welche auf euer Glaubensbekenntniß nicht mehr verpflichtet, welche euren Katechismus nicht mehr gebrauchen werden, weil sich beide überlebt haben, und nichts mehr enthalten, was eurer jetzigen hohen Bildungsstufe angemessen erscheint, was würden die Gemeinden wohl sagen? Ich weiß nicht, ob selbst die Gemeinden größerer Städte, die mitten im Bildungsproceß des Zeitgeistes stehen, sich dieses würden gefallen lassen. Die Augsburgschen Konfessionsverwandten der Landgemeinden würden unumwunden erklären, nein, wir behalten was wir haben, wir bleiben was wir sind. Wir wissen, wir haben es erfahren, daß unser Bekenntniß ein herrliches Bekenntniß ist; unsere Väter sind in diesem Bekenntniß gestorben, wir wollen auch darin sterben. Und wenn die Gemeinden auch kein wissenschaftliches Bewußtsein von der Vortrefflichkeit ihres Bekenntnisses haben, so werden sie an ihrem unmittelbaren Glaubensbewußtsein um so fester halten. Ihnen den Augsburgschen Konfessionsverwandten ist das Kirchengut, und keine Gewalt kann es ihnen streitig machen, wenn sie sagen werden, wir wählen nur den zu unserm Seelsorger, der sich urkundlich darüber ausweisen kann, daß er auf die symbolischen Bücher in seinem Gewissen verpflichtet ist, und mit einem solchen können wir uns auch nur in gleichem Glaubensbekenntniß verbunden fühlen, zu einem gemeinsamen Gottesdienst, zu einer erfolgreichen Seelsorge, und zur Erziehung unsrer Jugend. Was werden aber die Gebildeten unter diesen Gemeinden thun? Sie werden den Gemeinden in kirchlichen Dingen sich nicht widersetzen. Und wie viele unter ihnen giebt es, welche mit einem vollkommen gereiften Bewußtsein, die Nothwendigkeit des confessionellen Bodens, und des darauf gegründeten gemeinsamen Bandes der evangelischen Lehre als das wesentliche Merkmal ihrer Existenz der katholischen Kirche gegenüber betrachten? Wie viele sind in dieser Erkenntniß viel weiter als selbst Theologen und

Geistliche? Mir sind Fälle vorgekommen, wo es von ihnen hart getadelt wurde, wenn z. B. der Geistliche als Prediger nur Moral predigte, oder wenn er als Liturge eine ungeschickte Wahl der Lieder und der Gebete traf, oder wenn er ein Kind taufte auf ein Glaubensbekenntniß in Form eines Gedichtes. Alle diese werden in die orthodoxe Kirche sich begeben, und mit Recht. Denn in jener Kirche, wo ohne Verpflichtung auf die Bekenntnisse jeder die Schrift erklären könnte, wie es ihm beliebte, und ohne das evangelische Bekenntniß, was er bei der im Gottesdienste selbstthätigen Gemeinde nothwendig voraus-zusetzen, und sich darin zu versenken hat, würden die wildesten Ausbrüche einer zügellosen und ungebändigten Willkühr zum Vorschein kommen. Das würden die christlichen Laien voraussehen so gut wie wir, und sich fein sauber bedanken für solchen Liberalismus in der Kirche.

Aber ist die Verpflichtung auf die Symbole nicht eine Beängstigung der Gewissen, und von welchem Standpunkt aus haben wir sie zu betrachten, daß sie der wahren Lehr- und Gewissensfreiheit keinen Eintrag thun? Wenn an einer theologischen Fakultät nur Lehrer docirten, welche den wissenschaftlichen und kirchlichen Gebrauch der Symbole negirten, wenn der studirende Jüngling keine Gelegenheit fände, auch die bestimmt kirchliche Richtung kennen zu lernen, wenn er nur formale Exegese mit Polemik gegen das geltende Dogma, nur höchstens biblische Dogmatik in ganz subjektiver Form; wenn er namentlich auf dem Gebiet der praktischen Theologie eine Homiletik, die auf keine kirchliche

Basis gegründet ist, eine Liturgik und Katechetik, die von keinen festen kirchlichen Grundlagen getragen wird, vortragen hörte, dann freilich, wenn die heilige Stunde der Ordination ihm schlägt, muß er entweder erzittern vor jener Verpflichtung, oder er muß es ganz gleichgültig damit nehmen. Im erstern Falle, wo der Vocirte gewissenhaft ist, ist die Verpflichtung allerdings eine schwere Beängstigung des Gewissens, im letztern Falle führt sie zum Scheinwesen der Heuchelei und der Unredlichkeit. Ist daran die Verpflichtung schuld? Keinesweges. Die Verpflichtung gründet sich wesentlich darauf, daß der evangelische Geistliche in der Einheit mit dem Glaubensbewußtsein der Gemeinde sein Amt nach allen Beziehungen hin zu verwalten habe, und dies ganz folgerichtig nach dem evangelischen Princip, nach welchem ohne gläubige Theilnahme und Selbstthätigkeit der Gemeinde kein evangelischer Gottesdienst möglich ist. Nun spricht sich das Glaubensbewußtsein der Gemeinde in ihrem Bekenntniß aus, folglich ist die Verpflichtung darauf nothwendig. Dagegen wer die Gemeinde ansieht als eine im alten Schlamm verdumpfte und todte Masse, und von dem Grundsatz ausgeht, daß erst der Geistliche der modernen Bildung ihr Geist und Leben einhauchen kann, für diesen wäre die Verpflichtung auf die Symbole ein Unsinn. Es frägt sich nun, welches ist die richtige der evangelischen Kirche entsprechende Ansicht von einer Gemeinde? Wir stellen das zu entscheiden eines jeden Urtheil anheim, aber wir meinen die erstere, welche die Mündigkeit im Glauben bis auf den Grad in der Gemeinde voraussetzt, daß es zu einem öffentlichen Gottesdienst in der That kommen kann. Und wer verpflichtet den Ordinanden? Das Kirchenregiment. Und zwar aus welcher Macht? denn darnach frägt der absolute Freiheitsmann vor Allem. Antwort: aus göttlicher Macht, und zwar übt es diese göttliche Macht nicht willkührlich, sondern im Namen und Willen der Gemeinde; denn das ist die göttliche Macht des evangelischen Kirchenregiments, daß es in ein und demselben heiligen Geist eins ist mit dem Geist seiner sämmtlichen Organe, auf welche und für welche es handelt, und welche die christlichen Gemeinden sind. Also es geht alles bei der Ordination mit rechten Dingen zu, und die Verpflichtung auf die Symbole ist nicht absurd. Wenn die theologischen Fakultäten als innerhalb der Kirche und als ihre gelehrten Institute sich betrachten, wenn sie alle Gebiete der theologischen Wissenschaften in einem wahrhaft substanziellen Entwickelungsgange der evangelischen Geschichte in und für die Kirche beleben, wenn sie, was Schleiermacher fordert, im Interesse an der Kirche lehren, dann fällt auch jene Beängstigung weg. Der Studirende tritt entweder ganz zurück vom Studium der Theologie, oder er tritt später als Ordinand mit heiliger Ruhe des Gemüths und im festen Glauben des Herzens auf die Stufen des Altars, wo er die heiligste und schwerste Verpflichtung übernimmt, im Sinne des Glaubensbekenntnisses das Evangelium der Gemeinde, die ihn in diesem Vertrauen berufen, zu verkündigen.

Διαιρέσεις δὲ χαρισμάτων εἰσὶ, τὸ δὲ αὐτὸ πνεῦμα.
Καὶ διαιρέσεις διακονιῶν εἰσι, καὶ ὁ αὐτὸς κύριος.
Καὶ διαιρέσεις ἐνεργημάτων εἰσὶν, ὁ δὲ αὐτὸς Θεός,
ὁ ἐνεργῶν τὰ πάντα ἐν πᾶσιν.

Die heilige Schrift.

III.

Wir schreiten zur Beleuchtung des letzten Satzes fort, welcher lautet

> Die Union ist erst dann faktisch vollzogen, wenn in beiden evangelischen Kirchen die Bekenntnisse als aufgehoben betrachtet werden.

Es kann hier nicht untersucht werden, wie das Werk der Union der beiden evangelischen Konfessionen von jeher ein Gegenstand der evangelischen Christenheit gewesen, und welcher wahrhaft christliche Geist und Drang der Liebe sich darin spiegelt, die evangelischen Glaubenselemente nicht länger in einer Trennung zu belassen, die nicht mehr von der Art ist, daß eine solche Verschiedenheit der Glaubensgemeinschaften sich darauf gründen sollte, in denen das wahrhaft evangelische Element nicht in beiden gleich sehr zu erkennen wäre. Welches geringe und sparsame Maaß der christlichen Liebe würde auch dem nur inwohnen, der nicht in allen Kirchengemeinschaften ein unitrendes Element, als einen wesentlichen Bestandtheil der Entfaltung des christlichen Lebens gern erblicken wollte, und welche niedere Stufe der Christlichkeit würde die Kirchengemeinschaft einnehmen, die den Grundsatz einer absolut bleibemden Trennung an die Spitze ihrer Glaubensartikel stellen wollte. Das unirende Element einer jeden wahren Kirchengemeinheit hat seinen Grund in der absoluten Lebemseinheit des göttlichen Princips selbst, welches der in der gesammten Christenheit wirkende heilige Geist Gottes ist, und in der aus diesem Princip hervorgehenden Erkenntniß, daß allen individuellen Gestaltungen des Gottesreiches auf Erden, eine absolute Einheit des christlichen Glaubens und Lebens zum Grunde liegt, und daß eine jede Kirchengemeinschaft, welches Princip christlicher Besonderung ihr in der von Gott überwiesenen Entwickelungsform zugetheilt ist, ihre Aufgabe wohl in mannigfaltigen Gegensätzen und differenten Auffassungsweisen, so wie in eigenthümlich vollendeter Durchbildung aber nie in feindseliger Gesinnung, und ohne Voraussetzung jener Einheit, wird vollkommen lösen können. Und wenn die Geschichte zeugt, daß ein solcher Geist der gegenseitigen Anerkennung in den verschiedenen Kirchengemeinschaften nicht immer geherrscht, daß gegentheils der Geist des Zwiespalts und der bittern Anfeindung sich auch auf dem Gebiet des Glaubens bis zur grausamsten Verfolgungssucht hat geltend gemacht, so ist dies nur ein Beweis von dem Ausbruch wilder Leidenschaften, die in der tief gesunkenen menschlichen Natur auch auf Gebieten hervorbrechen, wo sie die höchsten Zwecke des Geistes zu verfolgen hat. Das ewige Gesetz aber, wornach das

Christenthum unter dem mannigfaltigsten Widerspruch einander entgegengesetzter Elemente, sich siegreich hindurchzukämpfen, und alle noch so conträren natürlichen Lebensregungen mit seiner ewig reinen Gotteskraft zu durchdringen und zu heiligen hat, ist selbst das Gesetz seines Lebens, und kann von menschlichen Leidenschaften niemals erdrückt werden, sondern muß mit Nothwendigkeit, welche zugleich seine Freiheit ist, wieder zum Vorschein kommen, wenn die Leidenschaft im Element des Menschlichen sich verzehrt hat. Das Christenthum flieht nach diesem ihm inwohnenden Gesetz den Kampf nicht, aber wenn es in reinster und göttlicher Gestalt ohne Beimischung des Menschlichen ihn führen könnte, so würden alle Gegensätze ohne Beimischung der Leidenschaften, und ohne das aus ihnen hervorgehende Verderben, in die wahre Einheit des christlichen Lebens sich hineinbilden. So aber bedient sich, nach jenem ihm selbst inwohnenden und nothwendigen Gesetze, das Christenthum des Menschlichen als Organ seiner Gestaltung, und weil in diesem Menschlichen das Sündhafte als inwohnend angetroffen wird, so bricht es selbst innerhalb christlicher Glaubensgemeinschaften, wo es, um eines heiligen Zweckes willen, in voller Energie sich geltend machen kann, in wilder und ungezügelter Leidenschaft hervor. Das Christenthum an sich führt einen Kampf zum Frieden, und braucht bei seiner negirenden und ausschließenden Thätigkeit nur das Schwert des Geistes, aber das menschliche Organ, durch welches das Christenthum seinen Kampf real und wirklich werden läßt, wendet den Kampf zum feindseligsten und verfolgungssüchtigsten Angriff, und führt ihn nicht selber mit roher Gewalt und den Waffen der Erbitterung und Sünde. Aber je mehr die Organe des heiligen Geistes, welches die Kirchengemeinschaften sind, sich im christlichen Princip der höchsten Lebenseinheit nähern, je mehr ihr Glaube sich verklärt in der alles verbindenden Macht der Liebe, und die Liebe ernst und heilig bleibt in der Erkenntniß durch den Glauben, desto mehr wird auch jene Einheit real und wirklich, nach welcher hin alle Gemeinschaften der Kirche als unirend erscheinen müssen; und es wäre eine höchst interessante Aufgabe zu untersuchen, wo und in welchen Tendenzen dieses unirende Element in den verschiedenen christlichen Kirchengemeinschaften sich manifestirt; denn darnach würden sie können gemessen werden, ob sie die Organe sind, welche der heilige Gottesgeist am liebsten bei dem Geschäft seiner Weltverherrlichung wird in Anspruch nehmen.

Diese Einheit aber ist nicht jene schlechte Einheit, die ohne wahrhaft concrete und eigenthümliche Gestaltung nur ein abstrakter Schein, ein farbloses Licht, oder ein Ideal wäre, wornach die unglücklichen Menschenkinder ewig schnappen, und es nicht erreichen. Nein, eine solche Einheit der absoluten Kirche wäre nichts als ein pantheistischer Popanz, und die in absolut idealer Liebe, ohne die concreten Gebilde des Glaubens, sich in solche Einheit versenken, und in ihr die Morgenröthe eines neu einbrechenden Tages erblicken und verkündigen, alle diese hätten sich von jeder Existenz und Offenbarungsstufe der christlichen Religion losgesagt. Alle christliche Wesenheiten, und auch diese lebensreiche Einheit, sind da, weil sie werden, und werden, weil sie da sind. Die wahrhaft kirchliche Einheit erweist sich in den unendlich konkreten Gebilden des kirchlichen Erscheinungslebens als ein vielgestaltendes Princip, und stellt in dem Reichthum ihrer Organe, einen Lebensorganismus dar, der als die universelle und allgemeine Kirche die individuelle und besondere in sich aufnimmt, und dadurch auch nur wirklich ist, daß er sie in sich aufgenommen hat. Und auch, wenn wir an jenes Ziel uns versetzen, wo alle Gegensätze des Glaubens überwunden, und alle Naturelemente des gesammten Menschen- und Völkerlebens vom Geiste der christlichen Religion durchdrungen sind; an jenes Ziel, wo auch innerhalb des Christlichen selbst, dieser Proceß in der Vielheit christlich religiöser Lebenssubstanzen sich erschöpft hätte, so wäre doch auch in diesem absoluten Zielpunkt, die errungene Einheit nur eine von persönlichen und individuellen Leben durchdrungene; nur nicht mehr als im Kampf gestellt wäre sie da, sondern als in der Errungenschaft des heiligen und seligen Lebens, und in dem Siege und Triumph wäre sie erschienen, welchen sie über die tobende Weltsubstanz davongetragen. Die allgemeine Kirche wäre eine persönliche, in welcher die ganze Fülle eigenthümlicher Entwickelungselemente, auch ganz in jener absoluten Einheit erhalten wäre; aber das Menschliche wäre in dem einen göttlichen Geist, der alles auf gleich innige Weise an sich gezogen, das wahrhaft Göttliche; und das Göttliche, wäre in dieser vielgestaltigen und eigenthümlichen Besonderung, aber ohne feindseligen Gegensatz, das wahrhaft Menschliche. Beides so an einander wäre das vollendete Anschauen Gottes, das selige Leben in ihm, welches der sonst armen Menschheit zu geben, der Zweck der christlichen Religion ist. So persönlich wäre demnach diese absolute Einheit, wie auch Gott selbst ein persönlicher Gott, in Christo und dem heiligen Geist seiner Menschheit gegenwärtig ist; und so fern von jener leeren abstrakten Einheit wäre die allgemeine Kirche, wie auch Gott selbst von uns nicht gedacht werden kann als das logisch Allgemeine, das Nichts, aus welchem er sich mit immanenter Nothwendigkeit in den Proceß der Unterscheidung begiebt, und sich fortbewegt zum Dasein, zum Für sich sein, aber auch in diesem nur verweilt, um die Negation der Negation zu vollziehen, und so bei sich selbst als Geist zu sein; und wie auch Gott nicht gedacht werden kann, wie ihn die ganz irreligiöse Vorstellung sich verflüchtigt zum Allgemeinen, was allein nur existirt als geistiger Gattungsbegriff innerhalb der natürlichen Menschheit. Nein, so persönlich wäre die allgemeine Kirche, wie auch Gott ein persönlicher Gott ist, ewig an sich in dem ewigen und allseligen Verhältniß zu sich als Vater, Sohn und Geist, ein extramundaner Gott, persönlich aber auch in seiner allgegenwärtigen und alles erfüllenden und beseligenden Immanenz, in seiner unergründlichen Gnadenfülle, in der er die ewige Wesenheit seiner Persönlichkeit uns aufgeschlossen in seinem menschgewordenen Sohne, und in der alles bildenden Macht seines heiligen Geistes, der die ewige Gegenwart des Vaters in dem Sohne in uns ewig bethätiget.

Was also sind das für Phantome, die sich in die lebensreiche Gestaltung der Kirche einschleichen wollen, wornach eine Union die abstrakte und völlig leere und rein ideal gehaltene Einheit sein soll? Es ist hier nicht der Ort, zu zeigen, wie die materiellen, pantheistischen Principien der modernsten Aufklärung, allesammt, nach einer solchen phantastischen Einheit hinstreben; aber das ist unter diesen Erscheinungen das traurigste Zeichen von gänzlicher Unkirchlichkeit, wenn in und aus der Kirche sich Stimmen erheben, welche ihr zu Gunsten der Union das konfessionelle Element rauben wollten. Ist das Konfessionelle euch ein so geringes, so verbrauchtes, so die Gemeinschaft der Gläubigen störendes Element, daß ihr es ansehen müßt, als das was die Union nicht wahrhaft zu Stande kommen läßt? Wißt ihr nicht, daß nirgends anders als im Konfessionellen, das unirende Element selbst begründet ist. Habt ihr noch nicht die Erfahrung gemacht, daß die beseligenden Kräfte des Glaubens nur in denen wahrhaft angetroffen werden, welche den Glauben bewahren in der Innigkeit und Lauterkeit des Konfessionellen, und daß alle die außerhalb des Konfessionellen und bestimmt Kirchlichen stehen, mehr oder weniger, sie mögen in noch so hohen Aemtern und Würden stehen, die Kinder dieser Welt sind? Wo aber der lebendige Glaube es nicht ist, der sich zur heiligen Liebe fortbewegt, da kann wohl in einer Liebe, die weder kalt noch warm ist, eine Union entstehen, aber eine wahrhaft christliche Union eines reichen religiösen Lebens ist sie nimmermehr. Ihr sprecht: das Konfessionelle mit seinen Gegensätzen, ist der Grund aller Zerwürfnisse der heutigen Zeit, wäre es nicht, so würden wir jeder das seinige suchend, dennoch friedlich unter einem Himmel leben. Aber wer hat euch das Recht gegeben, das Persönliche des Glaubens, wenn es auch noch mit unaufgelöstem Gegensatz behaftet ist, aus den Herzen der Völker zu reißen? Wenn ihr das Gebäude einer romantischen Liebe ohne Grund des conkreten Glaubens errichten wollt, so begebt euch unter jene Haufen der absoluten Freiheitsmänner, aber tastet nicht die Heiligthümer der Kirche an. Wenn ihr aber von dem Irrwahn so ganz durchdrungen seid, als könne eine evangelische Kirche ohne geschichtliche Vermittelung, ohne bestimmte Grundsätze der Schriftauslegung, ohne Glaubensbewußtsein in einer schon gewordenen Lehre, sich rein im formalen Rückgang zur Schrift, zu der wahrhaften Gestaltung ihrer Einheit erheben, nun so gehet nochmals in die Schule und lernt begreifen, was auf dem sittlichen Gebiet Personen und persönliche Gemeinschaften sind, und in welchem historischen Verlaufe sie ihr Leben zu gestalten und zu vollbringen haben.

Doch treten wir noch diesen allgemeinen Erörterungen der Sache näher. Richten wir unsern Blick auf die wahre Union der evangelischen Kirche. Stellen wir sogleich die Hauptentscheidung an die Spitze unsrer Untersuchung: Die Union der beiden evangelischen Konfessionen will und kann nicht sein eine Einheit mit Aufhebung ihrer eigenthümlichen Lebensformen des Konfessionellen; sie will vielmehr eine Einheit sein, in der alles geschichtlich gleichartig Gewordene erhalten ist, so wie auch das noch Ungleichartige in ihr sich gewähren mag, bis es in der Kirche selbst und durch ihr Lebensprincip zu dem Gleichartigen hinzutritt.

Alles Uniren, ohne daß es von diesem Grundsatze ausginge, wäre ein eitles, erfolgloses, ja schreckliches Geschäft, möchte es auch von dem wohlmeinendsten Eifer begleitet sein. Mit einer Union, wie ihr sie bewirken wollt, indem ihr darauf ausgeht, alles geschichtlich Vermittelte in Lehre und Kultus zweier Konfessionen zu annulliren, wäre in der That die reale Existenz dessen, was ihr uniren wollt, vernichtet, und es käme ein leeres Schema einer Einheit zum Vorschein, die als ein todtes Gebilde ins Reich der Schatten gehörte. Euer Uniren auf diese Weise ist ein Gleichmachen, wie wenn der Tischler zwei Bretter so lange hobelt, bis sie sich völlig zusammenfügen. Euer hoch gebildeter Verstand kann aus den glatten Formen des Materiellen nicht heraus, ihr habt keine Vorstellung vom Reich des Lebendigen. Habt ihr noch nicht in der Logik gelernt, daß die Merkmale eines Begriffs in ihm eine solche Einheit darstellen müssen, daß man sie, wenn man will, wieder zurücknehmen kann? Aber was ist denn eine Union, wenn sie gesetzlich befohlen wird, und das Konfessionelle bleibt, was es ist in seiner Verschiedenheit? Fraget nicht so, ich bitte euch. Wie wenig, was der Glaube bewirkt, befohlen werden kann, das wißt ihr. Eine Union kann nicht befohlen werden, sondem sie macht sich durch sich selbst, durch das unirende Element in der Kirche. Und kommt es in zwei Kirchengemeinschaften zum Ausspruch einer Union, und will die christliche Liebe sich kund geben in der That eines unirenden Aktes, so entfernt euch nur von einem solchen heiligen Werke. Ihr verderbet dabei alles. Ihr könnt nichts weiter als zählen 1+1 macht die Einheit 2, und noch weniger als dieses, denn nach euch muß die 1 verschwinden, damit die 2 entstehen kann. Ihr würdet rathen, das Konfessionelle, aus welchem die glaubensreiche unirende Liebe herstammt, lieber alsbald wegzuthun, sich völlig vorher auszuleeren, und dann zurückzugehen auf die Schrift. Das ist eure unirende Klugheit. Ob sie ihren Ursprung haben mag in der Liebe zur Schrift, oder ob sie die kostbare Waare der modernen Aufklärung in die Kirche einschmuggeln will? Eine Union, wenn das unirende Element vorher in der Kirche zum höchsten Grade seiner Reife gekommen ist, kann faktisch vollzogen werden auf die Weise, daß zwei Kirchengemeinschaften das Unwahre, was ihrem Konfessionellen noch inhärirte, erkannt, in allgemeiner Verständigung darüber es von sich thun, und sich vereinigen zu der einen konfessionellen Wahrheit; oder auch so, daß eine von beiden Kirchengemeinschaften nur Elemente des Unwahren in sich aufgenommen hat, und sich entschließt, das Unwahre nicht länger mehr festzuhalten, weil es nur als ein Irrthümliches festgehalten werden könnte. In beiden Fällen aber ist das Wesentliche erhalten, nämlich das eigenthümliche, bisher nur in einer Differenz sich gehaltene Glaubensbewußtsein, was nun nicht mehr zwei Glieder besonderter Konfessionen, sondern eine Konfession wird, in Beziehung auf andere in höhern Gegensätzen gehaltene Kirchengemeinschaften. In einer solchen wahren Konfession ist das Konfessionelle nicht abgelegt, nicht für antiquirt erklärt, sondern nur das Irrthümliche daran, was kein wahrhaftes konfessionelles Element in dem Sinne war, daß es länger auf Grund der heiligen Schrift und als wahrhaft aus ihr geschichtlich gewordenes Element sich hätte halten können. In einer solchen Union wird kein Sprung gemacht über alle historische Vermittelung hinweg, und selbst über das Glaubensbewußtsein der Gemeinden; in ihr ist die ganze gewordene Schriftentwickelung im Bewußtsein der Gemeinde noch real und in wahrhaft kirchlicher Existenz erhalten.

Wie steht es nun mit der Union der evangelisch lutherischen und evangelisch reformirten Kirchengemeinschaften innerhalb der preußischen Landeskirche? Ist sie allgemein faktisch vollzogen oder nicht? Wie ist sie vollzogen worden, oder, wenn sie allgemein noch nicht vollzogen ist, wer wird sie vollziehen? Und wie wird sie von denen vollzogen werden, die sie vollziehen? Alles merkwürdige Fragen, Fragen oft der bloßen Neugierde. Daß die evangelischen Kirchengemeinschaften der genannten Konfessionen in neuester Zeit das unirende Element auf ganz besondere Weise hervortreten ließen, und daß sich hierfür besondere Gründe geltend machten, wer sollte das bezweifeln? Das Bewußtsein der einen evangelischen Kirche mußte in einer vielbewegten Zeit bedeutend in den Vordergrund treten. Eine starre und abgeschlossene konfessionelle Besonderung konnte sich gegen das erwachte Princip einer evangelischen Einheit nicht mehr in dem Grade geltend machen, wie früher. Man fing an darüber nachzudenken, wie weit die Gegensätze in diesen Konfessionen sich abgestumpft. Die reformirte Kirche, die in einer nicht so lebensreichen Geschichtsvermittelung als die lutherische ein unwahres Princip verfolgte, ging auf innigere Weise zu den Bekenntnissen zurück, und erkannte das Herrliche, was in diesen geschichtlichen Dokumenten enthalten ist. Ihre Theologen wandten sich theilweise dem historischen Princip auf ganz lebendige Weise zu, und kamen darin in die innigste Gemeinschaft mit dem lutherischen Princip, was in seiner vollen geschichtlichen Wahrheit bestimmt zu sein scheint, das wahrhaft allgemeinste unirende Element in sich zu tragen. Die evangelisch-lutherische Kirche konnte und mußte an ihrem Princip festhalten, aber sie hat nie mehr als in unserer Zeit es erkannt, welche tiefen Elemente gediegener Schriftforschung sich in den reformirten Bekenntnißschriften kund thun, und wie innig und vielgestaltig sich das Hauptdogma von der Rechtfertigung durch den Glauben an Jesum sich in ihnen hervorhebt. Hierzu kamen noch irrthümliche und unwahre Erscheinungen, wie z. B., daß die Differenz in den Bekenntnissen beider Konfessionen nur auf Differenzen theologischer Ansichten beruhte, die leicht zu beheben sein möchten, so wie eine große Neigung der gebildet Lutherischen zum calvinischen Dogma vom Abendmahl. Diese letztern Erscheinungen waren zwar nicht Elemente einer wahren Union, aber sie trugen dazu bei, daß die Gegensätze in ihrer Schroffheit sich verloren und dem dogmatischen Forschen eine größere Freiheit gewährt wurde. So kam es, da wo ein Mischungsverhältniß genannter Gemeinschaften wirklich Statt fand, zu Akten der Union, die aber nicht darauf ausgingen, das Konfessionelle zu tilgen, sondern vielmehr das Eigenthümliche anzuerkennen, nur nicht mehr in einer Entgegensetzung, welche den

Verband beider Kirchengemeinschaften durch ein und dasselbe Kirchenregiment unmöglich machten. Da wo solche Vermischungsverhältnisse in den Gemeinden nicht Statt fanden, wie auf dem platten Lande, z. B. Schlesiens, wäre es überflüssig gewesen, das unirende Element durch einen Akt der Union zu bezeichnen, und so mußte das Konfessionelle in seiner stärksten Ausprägung sich erhalten. Jedoch wer wird, wenn auch unsere Gemeinden das lutherische Element in seiner vollen Eigenthümlichkeit festhalten, läugnen, daß sie von christlicher Bruderliebe gegen die Reformirten nicht würden beseelt sein, oder daß sie sich weigern werden, in ein und demselben Verfassungsverbande mit ihnen zu stehen? Das ist das Geschichtliche der Union, bei welchem allerdings viel verkehrte, unwahre, gehaltlose Ansichten sich haben geltend machen wollen, doch aber noch keine Willkühr der Art, die Bekenntnisse, um eine völlige Einheit zu bewirken, zu annulliren.

So stellt sich in diesem geschichtlichen Gange, welchen die Union in der preußischen Landeskirche genommen, die evangelische Kirche selbst noch nicht dar als unirte in jener gehaltlosen abstrakten Einheit, sondern vielmehr es erscheint die Einheit als eine werdende darin, daß in beiden Konfessionen das unirende Element auf lebendige und wahrhaft substanzielle Weise vorhanden ist und keine schroffen Gegensätze das evangelische Princip der einen unirenden Kirche in ihren Konfessionen werden feindselig verletzen können.

Da habt ihr eine unirende Kirche, aber keine unirte, schreien die Freiheitsmänner! Wir aber lassen uns durch solch

Geschrei nicht irre machen. Wir halten fest an dem höhern Einheitsprincip der einen evangelischen Kirche, welches ein lebendiges in kirchlicher Gemeinschaft nur da ist, wo das eigenthümliche Konfessionelle noch erhalten erscheint. Wir sehen, daß beide Konfessionen der einen evangelischen Kirche noch einen geschichtlichen Verlauf vor sich haben, in welchem sie sich, so viel ist im innern Leben der Kirche gewonnen, stets unirend verhalten werden, aber der Zeitpunkt ist noch nicht erschienen, wo die Differenz-Punkte im Konfessionellen so behoben wären, daß die Union als vollzogen könnte betrachtet werden. Wir sind Freunde der Union und bekennen uns zu der unirenden Kirche im lutherischen konfessionellen Element; aber wir sind nicht Freunde eurer Union, die ihr vollziehen wollt durch die Aufhebung der symbolischen Bücher; ja in dieser Tendenz erkennen wir in euch eine zerstörende Macht nur, die, wenn es euch gelänge, sie geltend zu machen, das unirende Element der evangelischen Kirche gänzlich wieder vernichten würde. Wir sind nicht Freunde einer Union, wo es kraus und bunt durcheinander geht, und hinter welche sich allerhand Interessen verbergen, die uns gar nichts angehen. Wenn ihr uns eine Synode bewirken wollt, blos in der Absicht, euren Unionsplan durchzusetzen, so danken wir schönstens. Wenn ihr uns plausibel machen wollt, daß durch die Union die Kirche nicht mehr eine Landeskirche, eine Kirche im Staate, sondern eine Staatskirche werde, so können wir auch das nicht billigen. Oder wenn ihr mit der Union eine Synodal-Verfassung zu erhalten meint, und sie wünscht, weil darin republikanische Elemente, die der evangelischen

Kirche allein geziemen, angetroffen werden, so können wir euch auch hierin nicht beistimmen. Und was ihr noch sonst für aufklärende, modern beliebige Absichten mit der Union verbinden möget, und welche Vortheile ihr euch zu schaffen gedenkt durch das Werk der Union, was ihr so emsig zu betreiben scheint, wir können euer Vorhaben nicht billigen, wir können euch weder zu den Unirten, noch zu den Unirenden, noch überhaupt zu denen rechnen, die es mit der Kirche des Herrn gut meinen.

Es wäre interessant zu zeigen, wie das Kirchenregiment in der preußischen Landeskirche das in den beiden Kirchengemeinschaften sich besonders seit dem Jahre 1817 bestimmt herausstellende unirende Element zu bestimmten Akten der Union hat führen wollen; welche reiche Erfahrungen auf dem Gebiete des kirchlichen Lebens es hierbei gemacht; und wie von demselben überall nicht etwa blos schonend gegen das Konfessionelle verfahren, sondern ausdrücklich erklärt worden ist, daß dasselbe in der einen unirten Kirche nicht blos erhalten werden kann sondern auch soll. Demohnerachtet war es nicht möglich, einen Bruch in der evangelischen Kirche zu verhüten, dessen Schaden bis jetzt noch nicht geheilt ist. Die entferntern und nähern Ursachen, die jenen Bruch veranlaßten, kennt jeder selbst. Die Disposition zu dieser Trennung war wenigstens hier in Schlesien schon tief in denen ausgeprägt, welche sich von der unirenden Kirche lossagten. Es gab schon vor der Union eine Theologie, die sich der reformirten Kirche mit aller Polemik entgegenstellte und folgerichtig jeder

Union mit ihr Feind sein mußte. Es gab in der evangelischen Kirche eine lutherische theologische Schule, die in dem reformirt konfessionellen Element ein unevangelisches erkannte, und es in eine solche Entfernung von dem evangelischen Element der lutherischen Kirche stellte, daß eine Vereinigung ihrer nicht möglich erschien. In dieser Schule verhärtete sich das lutherische Element durch die einseitige Polemik, in welcher es zur Anschauung kam. Daher auch, als der Bruch geschehen war, jede Belehrung hierüber fruchtlos erscheinen mußte. Wenn in solcher Polemik allerdings ein Mangel von Liebe zu erkennen ist, so ist doch nicht zu läugnen, daß eine eigenthümliche Glaubenskraft im bestimmt gefaßten Gepräge des Konfessionellen sich zu manifestiren um so mehr im Stande ist. Die Liebe verliert in solcher Einseitigkeit und Verhärtung allerdings an universeller Kraft, aber sie äußert sich dann um so stärker auf intensive Weise, wenn der Kreis bezeichnet ist, in welchem das Konfessionelle sich in dieser polemischen Stärke Anerkennung und Geltung verschafft. Auf diese Weise kam es aus mißverstandenen Unionsversuchen zum lutherischen Separatismus. Diese lutherischen Dissidenten, die uns nicht glauben wollen, daß wir in der unirenden Kirche noch der lutherischen Konfession angehören, tragen einen Charakter an sich, der uns zur Bewunderung fortreißen muß, und es ist höchst interessant, den Glauben in diesem starren Element des Konfessionellen wirksam zu sehen. Die höchsten sittlichen Kräfte, wie ein unerschütterlicher Muth und Standhaftigkeit, eine tief gegründete innere Glaubensfreudigkeit, anhaltendes Gebet, Entsagung alles dessen, was die Welt giebt, belebt diese Gemeinde zu einer eigenthümlichen Frische des evangelischen Lebens. Geistliche und Gemeinden zeigen sich gleich groß in gegenseitig aufopfernder Liebe. Ich habe einen lutherischen Dissidenten längere Zeit in meiner Gemeinde gehabt. Er war völlig verhärtet für jede Belehrung, ihn zur Kirche zurückzuführen, aber sein stilles wahrhaft christliches Leben, was ohne Weltstörung immer dasselbe blieb, und nur der Arbeit, dem Gebet und dem Gottesdienst (er hatte seine Gemeinde in einer Entfernung von 4 Meilen) gewidmet war, seine Bekanntschaft mit der Schrift, seine Gespräche, die sich auf die tiefste christliche Erfahrung gründeten, haben mich schmerzlich bewegt, ihn unter den Meinigen zu vermissen. Der Grund von allem diesen liegt im Wesen der Frömmigkeit, die sich um so intensiver äußert, je mehr sie vom Charakter des Konfessionellen in dieser Spannung des Gegensatzes getragen wird. Betrachtet die Frömmigkeit in einem, der sich gleichgültig gegen die Konfession verhält, und ihr werdet das Gegentheil erfahren. Aber diese lutherischen Dissidenten sind nicht frei von großen Gebrechen. Das erste dieser Gebrechen stellt sich dar als ein Abfall. Sie haben den unendlichen Schmerz, sich von der Kirche ihrer Väter loszutrennen, leicht ertragen können, ja theilweise haben sie diesen Schmerz nicht einmal empfunden. Der Grund dieses Abfalls liegt tief in derjenigen Richtung der Seele, die auch in der Form der Frömmigkeit noch einen Dünkel von Hochmuth und Anmaßung birgt. Ein lutherischer Dissident (mit diesem Ausdruck sind sie uns gegenüber am richtigsten zu bezeichnen) wird die Schwelle einer evangelischen Kirche nicht übertreten. Sie müssen fürchten, sich zu verunreinigen. Ob sich mit diesem Dünkel auch Haß und Verfolgungssucht verbindet, glaube ich nicht. Mögen sie sich erfreuen an der Glaubenshütte, die zu gründen ihnen zugestanden worden ist, mögen sie auf diese intensivere, aber abgeschlossene Weise das lutherisch Konfessionelle im starren Gegensatz gegen das reformirt Konfessionelle festhalten; ihr Glaube eignet sich auch nicht, in die großen Weltkämpfe hinübergeführt zu werden, welche die große evangelische Kirche zu bestehen hat, und kann sich nur in eigenthümlicher Stärke eines rein punktuellen Daseins manifestiren. Daß es in der großen Kirche viel laue, gegen alles Religiöse gleichgültige Christen giebt, kann ihnen selbst kein Grund der Erhebung werden. Die Zukunft wird es lehren, ob in ihnen diese innerliche Koncentration ein Beharrliches sein werde. Die evangelische Kirche kann ihretwegen den großen Einheitspunkt nicht aus dem Auge verlieren, welchen sie bei ihrer absolut konkreten Richtung verloren haben. Ob auch in ihnen werden Elemente zum Vorschein kommen, die sie selbst den Austritt aus der Kirche werden bereuen lassen, und die das wahrhaft lutherische Element in ihnen mehr alteriren werden, als es je in der großen Kirche geschehen wird, das ist eine Frage, die sie jetzt schon mögen aufs ernstlichste nach allen Richtungen hin ins Auge fassen. So viel ist gewiß, daß sie in aller intensiven Schärfe der Konfession doch weniger sind, als eine Konfession, aber unendlich mehr als jene evangelischen Kirchenbeamte, welche auf eine Union ausgehen, durch Annullirung der Bekenntnisse. Und gegen diese Hochgebildeten, die über alles hinweg sind, habe ich mein Wort richten wollen.

Das ist die Schattenseite der Union, daß sich hinter sie allerlei Partheien mit ihren besondern Interessen stecken können, daß sie von Partheimännern und Propheten, welche auf keinem Grunde der Vergangenheit, vielmehr, freilich kunstvoll, auf dem Schaukelseile ihrer Ideale stehen, als etwas angesehen wird, was durchaus neue Zustände des kirchlichen Lebens hervorzurufen bestimmt sei, und woran sie Gelegenheit nehmen, mit den Hirngespinnsten ihrer Aufklärung im kirchlichen Leben Epoche zu machen. Was hat man alles von der Union der preußischen Landeskirche erwartet, was wird man ihr noch abnöthigen und abzwingen wollen, wenn man ihre Existenz gegen ein kleines Häuflein absolut Renitenter zugesteht? Haben doch manche die Hoffnung an die Union geknüpft, daß nun die Zeit gekommen sei, wo die Kirche mit immanenter Nothwendigkeit in den Staat überzugehen, sich in seine Bestandtheile absoluter Vernünftigkeit aufzulösen habe, daß der Begriff der Kirche in der Union in seiner immanenten Bewegung sich erreicht habe, eine Ansichtsweise, die immer noch ehrlicher und geistreicher ist, als jene hierorts bekämpfte, wo möglich eine Kirche ohne geschichtliche Grundlage, Bekenntnisse, Verfassungsform in einer völligen Unabhängigkeit vom Staate aus der Union heraus zu deduciren. Selbst die Eisenbahnen hat man als Maschinen der allgemeinen Gedanken-Verbreitung in das Wesen der kirchlichen Union hineingezogen; und es darf uns nicht wundern, da jede substanzielle Grundlage des bestehenden Völkerlebens gegenwärtig von einer Freiheit bekrittelt wird, welche, aus dem Egoismus herstammend, die größte Willkühr in sich schließt, daß auch die Kirche, die mehr noch als jede andere sittliche Substanz auf den realen Boden der Geschichte sich gründet, davon nicht frei bleiben konnte. Ist es nicht schön, ist es nicht göttlich, nicht mehr lutherisch, nicht mehr kalvinisch zu sein, nicht mehr zu stecken in den beengenden Schranken dieser Auctoritäten? Ist es nicht erhaben, von allen Auctoritäten keine mehr zu haben, als die der Bibel? Wir haben euch schon gesagt, wie ihr die Bibel habt. Aber jetzt sagen wir euch, daß eure Konsequenz sich bald dahin steigern werde, auch nicht mehr die Bibel als Auctorität gelten zu lassen. Schon versammeln sich die Freiheitsmänner draußen im Lichte der jugendlichen Morgenröthe und führen euch mit in den neuen Tag, an welchem des Menschen Genius das Scepter in die Hand nimmt und der Gott des neuen Geschlechts wird. Ihr werdet freilich von uns nichts halten, ihr werdet uns nicht blos blinde Anhänger am Alten nennen, ihr werdet uns auch nicht zutrauen, auch nur einen vernünftigen Gedanken der Gegenwart richtig zu beurtheilen. Aber dafür rufen auch wir euch zu, wollt ihr Propheten einer bessern Zukunft sein, so müßt ihr euren Genius in wahrer Buße züchtigen und strafen, alsdann aus der Journalistik euch zurückwenden in das Reich der Vergangenheit, hier festen Fuß fassen und einen reellen Standpunkt gewinnen, und vor allem den heiligen Geist mit Inbrunst anflehen, daß er die Lumpen eurer Weltbildung von euch reiße, und euch einen neuen gewissen Geist gebe. Thut ihr das, dann werdet ihr bald zu einer andern Wissenschaft kommen, und zu einer andern Geschichtsanschauung, dann werdet ihr allen wahren Dienern der Kirche des Herrn kein Aergerniß mehr geben durch die kühnen Streiche eures Wortes, welche in der Kirche einen Schaden anrichten können, den zu heilen ihr am allerwenigsten im Stande sein werdet. —

Der geneigte Leser möge vor Lesung dieser Schrift folgende Fehler berichtigen, und sie mit der Entfernung des Druckortes entschuldigen:

Seite	10	Zeile	14	v. o.	statt erschienene lies erschiene.
—	12	—	7	v. u.	statt das lies den.
—	20	—	7	v. o.	statt Beschauungsweise lies Anschauungsweise.
—	22	—	6	v. o.	statt Beschauung lies Anschauung.
—	25	—	10	v. u.	statt Zeitlose lies Zeitliche.
—	32	—	13	v. o.	statt das lies daß.
—	32	—	15	v. o.	statt verstorbene lies erstorbene.
—	38	—	3	v. o.	statt (?) ein (,).
—	38	—	6	v. o.	statt (.) ein (?).
—	46	—	10	v. u.	statt betrachtet lies gefunden.
—	59	—	9	v. o.	statt daß lies das.
—	65	—	9	v. o.	statt Göttlichste lies Göttliche.
—	66	—	10	v. o.	statt (,) ein (;).
—	71	—	15	v. o.	statt gebrungen lies durchdrungen.
—	72	—	7	v. o.	statt göttliche lies freie.
—	74	—	14	v. u.	statt die Einheit der Kirchengemeinschaft lies Kirchengemeinschaft.
—	75	—	6	v. o.	statt Normalbegriffe lies Moralbegriffe.
—	76	—	1	v. u.	tilge: daß.
—	77	—	2	v. u.	statt denn lies dann.
—	84	—	6	v. o.	statt Kirchengemeinheit lies Kirchengemeinschaft.
—	86	—	1	v. o.	statt selber lies selten.
—	89	—	16	v. u.	statt (.) ein (?).
—	91	—	14	v. o.	statt glatten lies platten.
—	94	—	12	v. u.	statt beruhte lies beruhe.

FSC
www.fsc.org
MIX
Papier | Fördert
gute Waldnutzung
FSC® C083411

Kolibri 360 GmbH
Ferdinand-Jühlke-Straße 7
99095 Erfurt, Deutschland
produktsicherheit@kolibri360.de